高等学校应用型特色规划教材

计算机网络基础

主　编 ◎ 刘振湖　唐运波
副主编 ◎ 彭小庆　董川　罗文嘉　黄飞　王旭升

人民邮电出版社
北京

图书在版编目（CIP）数据

计算机网络基础 / 刘振湖，唐运波主编. -- 北京：人民邮电出版社，2023.7
高等学校应用型特色规划教材
ISBN 978-7-115-61826-9

Ⅰ. ①计… Ⅱ. ①刘… ②唐… Ⅲ. ①计算机网络—高等学校—教材 Ⅳ. ①TP393

中国国家版本馆CIP数据核字(2023)第091259号

内 容 提 要

本书以计算机网络体系结构与协议为基础，紧密结合网络新技术，系统地介绍了计算机网络的基本概念、数据通信基础知识、计算机网络体系结构、局域网技术、网络互联技术、广域网技术、WLAN 技术、网络安全基础知识、SDN 与 NFV 等内容，并设置了一个案例实践——校园网组网。

本书在编写时突出内容的针对性、应用性和技术性，在章节设置上环环相扣，逐步增加知识难度。此外，本书配有微课视频，可以帮助读者随时巩固所学内容。

本书可作为高等学校电子信息类专业的教材，也可作为计算机网络的自学教材。

◆ 主　编　刘振湖　唐运波
　副主编　彭小庆　董　川　罗文嘉　黄　飞　王旭升
　责任编辑　张晓芬
　责任印制　马振武

◆ 人民邮电出版社出版发行　北京市丰台区成寿寺路 11 号
　邮编 100164　电子邮件 315@ptpress.com.cn
　网址 https://www.ptpress.com.cn
　北京九州迅驰传媒文化有限公司印刷

◆ 开本：787×1092　1/16
　印张：12.5　　　　　　　　　2023 年 7 月第 1 版
　字数：266 千字　　　　　　　2025 年 7 月北京第 6 次印刷

定价：45.00 元

读者服务热线：(010)53913866　印装质量热线：(010)81055316
反盗版热线：(010)81055315

前　言

随着计算机网络技术的发展，特别是互联网在全球范围内的普及，计算机网络突破了以往人们在信息交流中所受到的时间和空间限制，成为人们获取信息、交换信息的重要途径和不可缺少的工具，并对社会发展、经济结构及人们日常的生活方式产生了深刻影响。当谈到计算机网络时，人们自然会想到"网络强国""互联网+""信息安全"等名词。目前，我国的电子信息产业正在快速发展，我国从网络应用大国变为网络强国；为了发挥"互联网+"的优势，传统行业正在进行优化升级和转型，以适应当下的发展；要捍卫国家信息安全，培养网络技术人才变得愈发重要和紧迫。对于高等学校电子信息类专业的学生来说，"计算机网络"课程不仅是一门必修课，也是一门重要的专业课。

本书按照《高等学校课程思政建设指导纲要》的要求，结合高等学校电子信息类专业人才培养目标，以岗位技能需求为起点，以技能竞赛为导向，融合"1+X"证书制度，拓展学生就业创业本领，缓解结构性就业矛盾，做到"政、岗、课、赛、证"五位一体融合，使学生系统地学习计算机网络的基础知识、运行机制、实现原理，对计算机网络形成一个整体的认识与理解。在具体的网络应用实践中，本书希望能帮助学生不仅知道"怎么做"，而且知道"为什么这么做"，为他们以后学习专业技术打下扎实的基础。

本书以能力培养为目标，精心设计知识框架和相关内容：每章先明确教学目标，然后从易到难地介绍各个知识点，最后以案例实训的形式加深学生对重点知识的理解。同时,每章配有微课视频,对重点难点知识进行讲解,便于学生自学和复习。本书中的案例实训均采用华为模拟软件来实现。

本书将计算机网络的理论知识和工程应用结合起来,具有较强的可读性和可操作性。此外,本书还提供了大量的网络实验与网络仿真实训,突出培养学生的动手实践能力和知识应用能力,因而具有很强的实用性、针对性和技术性。

由于编者的知识水平和经验有限,书中难免存在不妥之处,敬请各位专家和读者提出宝贵意见,以便进一步完善相关内容。为了配合教学,本书免费提供教学课件、微课视频等资料,读者可扫描并关注下方或封底的"信通社区"二维码,回复数字61826进行获取。

"信通社区"二维码

目 录

第1章　计算机网络概论 ·· 1

　1.1　计算机网络的形成、发展及定义 ··· 1
　　　1.1.1　计算机网络的形成 ··· 1
　　　1.1.2　计算机网络的发展 ··· 2
　　　1.1.3　计算机网络的定义 ··· 3
　1.2　计算机网络的功能与分类 ·· 4
　　　1.2.1　计算机网络的功能 ··· 4
　　　1.2.2　计算机网络的分类 ··· 5
　1.3　计算机网络的组成与结构 ·· 7
　　　1.3.1　早期计算机网络的组成与结构 ··· 7
　　　1.3.2　互联网的组成与结构 ·· 9
　1.4　计算机网络拓扑类型 ·· 9
　　　1.4.1　计算机网络拓扑的定义 ··· 9
　　　1.4.2　计算机网络拓扑的分类 ·· 10
　1.5　网络协议与网络体系结构 ·· 15
　　　1.5.1　基本概念 ··· 15
　　　1.5.2　OSI 参考模型 ··· 17
　　　1.5.3　TCP/IP 模型 ·· 21
　习题 ··· 24

第2章　数据通信基础 ··· 25

　2.1　物理层及其应用 ··· 25
　　　2.1.1　物理层的功能 ··· 26
　　　2.1.2　物理层接口标准 ··· 26
　　　2.1.3　常见的物理层设备 ·· 30
　2.2　数据通信系统 ·· 30
　　　2.2.1　数据通信系统模型 ·· 30

2.2.2　数据通信的基本概念 ··· 31
　　　2.2.3　传输介质的分类及特性 ··· 34
　2.3　数据通信方式 ·· 37
　　　2.3.1　串行通信和并行通信 ··· 38
　　　2.3.2　单工、全双工和半双工通信 ·· 39
　2.4　数据传输方式 ·· 39
　　　2.4.1　数字信号与模拟信号 ··· 40
　　　2.4.2　频带、基带、宽带传输 ··· 41
　　　2.4.3　信源编码方法 ··· 42
　2.5　多路复用技术 ·· 46
　　　2.5.1　频分多路复用 ··· 46
　　　2.5.2　时分多路复用 ··· 47
　　　2.5.3　波分复用 ··· 48
　　　2.5.4　码分复用 ··· 48
　　　2.5.5　扩展内容：同步技术 ··· 49
　2.6　数据交换技术 ·· 50
　　　2.6.1　电路交换 ··· 50
　　　2.6.2　存储转发交换 ··· 51
　习题 ·· 54
第3章　数据链路层及其应用 ··· 56
　3.1　数据传输差错的产生原因及控制方法 ···································· 56
　　　3.1.1　数据传输差错 ··· 57
　　　3.1.2　差错的产生原因 ··· 57
　　　3.1.3　差错的控制方法 ··· 58
　3.2　检错法和纠错法 ·· 60
　　　3.2.1　奇偶校验 ··· 60
　　　3.2.2　循环冗余校验 ··· 61
　　　3.2.3　汉明码 ··· 63
　3.3　数据链路层的基本概念 ·· 65
　　　3.3.1　链路与数据链路 ··· 65
　　　3.3.2　数据链路层的功能 ··· 66
　　　3.3.3　数据链路层的协议 ··· 67
　习题 ·· 69
第4章　网络层与 IP ··· 70
　4.1　网络层的功能 ·· 70
　4.2　IP 的发展与演变 ··· 72

目　录

- 4.3　IPv4 地址 ... 72
  - 4.3.1　IP 地址、子网掩码及 MAC 地址 ... 72
  - 4.3.2　子网划分 ... 75
  - 4.3.3　无类别域间路由选择 ... 78
- 4.4　IPv6 地址 ... 79
  - 4.4.1　IPv6 的特点 ... 79
  - 4.4.2　IPv6 的地址表示 ... 80
- 习题 ... 81

第 5 章　局域网技术 ... 82

- 5.1　VRP 系统 ... 83
  - 5.1.1　VRP 系统的简介与安装 ... 83
  - 5.1.2　VRP 系统的配置命令 ... 88
- 5.2　VLAN 原理 ... 90
  - 5.2.1　VLAN 的作用 ... 92
  - 5.2.2　VLAN 的划分 ... 93
  - 5.2.3　VLAN 的接口类型 ... 94
  - 5.2.4　VLAN 配置示例 ... 95
- 5.3　VLAN 间通信 ... 98
  - 5.3.1　使用路由器实现 VLAN 间通信 ... 98
  - 5.3.2　使用 VLANIF 技术实现 VLAN 间通信 ... 102
- 5.4　生成树 ... 104
  - 5.4.1　环路的危害 ... 104
  - 5.4.2　STP 的工作原理 ... 106
  - 5.4.3　MSTP 简介及配置 ... 108
- 5.5　链路聚合 ... 109
  - 5.5.1　链路聚合的基本概念 ... 109
  - 5.5.2　链路聚合的作用 ... 110
  - 5.5.3　链路聚合的模式 ... 110
- 习题 ... 112

第 6 章　网络互联技术 ... 114

- 6.1　IP 路由基础 ... 114
  - 6.1.1　路由概述 ... 115
  - 6.1.2　静态路由及其配置 ... 119
  - 6.1.3　动态路由协议 ... 120
- 6.2　OSPF 基础 ... 121
  - 6.2.1　OSPF 的基本概念 ... 122

6.2.2　OSPF 的配置示例 ··· 122
6.3　ACL ··· 124
6.4　ACL 的配置示例 ··· 126
习题 ·· 128

第 7 章　广域网技术 ·· 130

7.1　广域网概述 ··· 130
　　7.1.1　广域网的结构 ·· 131
　　7.1.2　广域网的特点 ·· 131
　　7.1.3　广域网的类型 ·· 132
7.2　HDLC 原理 ··· 133
　　7.2.1　HDLC 简介及特点 ··· 133
　　7.2.2　HDLC 的基本配置 ··· 134
　　7.2.3　HDLC 帧结构 ·· 135
7.3　PPP 与 PPPoE ··· 137
　　7.3.1　PPP 原理 ·· 138
　　7.3.2　PPP 的工作过程 ·· 139
　　7.3.3　PPPoE 简介 ·· 142
　　7.3.4　PPPoE 的工作过程 ·· 143
习题 ·· 146

第 8 章　WLAN ··· 147

8.1　WLAN 概述 ·· 147
　　8.1.1　什么是 WLAN ··· 148
　　8.1.2　WLAN 与 Wi-Fi ·· 151
8.2　WLAN 的常见设备 ··· 152
　　8.2.1　无线 AP 概述 ·· 152
　　8.2.2　无线 AC ·· 153
　　8.2.3　PoE 交换机 ··· 154
8.3　WLAN 的组网方式 ··· 156
　　8.3.1　Fat AP 的架构 ··· 156
　　8.3.2　Fit AP+AC 的架构 ··· 157
　　8.3.3　有线侧组网概述 ·· 158
　　8.3.4　无线侧组网概述 ·· 159
8.4　WLAN 的工作流程 ··· 162
　　8.4.1　AP 上线 ·· 162
　　8.4.2　AC 业务配置下发 ·· 163
　　8.4.3　STA 接入 ··· 164

习题 ··· 164

第9章 网络安全简介 ··· 166

9.1 网络安全基础知识 ··· 166
9.1.1 网络安全基础 ··· 166
9.1.2 网络安全技术 ··· 167
9.1.3 网络防御 ··· 172
9.2 防火墙简介 ·· 173
习题 ··· 175

第10章 网络部署与运维 ··· 176

10.1 SDN 与 NFV 概述 ··· 176
10.1.1 SDN 概述 ·· 177
10.1.2 SDN 控制器与南向接口 ·· 179
10.1.3 SDN 控制器与北向接口 ·· 180
10.1.4 NFV 概述 ·· 181
10.1.5 SDN 与 NFV 之间的联系 ·· 182
10.2 网络管理与运维 ·· 183
10.2.1 网络管理 ··· 183
10.2.2 网络运维 ··· 185
习题 ··· 186

第11章 案例实践——校园网组网 ·· 187

参考文献 ·· 189

第1章　计算机网络概论

本章首先介绍计算机网络的形成与发展，然后介绍计算机网络的定义、功能与分类、组成与结构，最后介绍计算机网络拓扑的定义与分类，以及网络的体系结构与网络协议，使读者对计算机网络技术有一个全面的认识。

本章教学目标

【知识目标】
- 了解计算机网络的形成与发展。
- 掌握计算机网络的定义、功能与分类。
- 了解计算机网络的组成与结构。
- 掌握计算机网络拓扑的定义、分类及其特点。
- 掌握计算机网络体系结构与网络协议的基本概念。

【技能目标】
- 能对一定数量的网络设备完成网络拓扑规划。

【素质目标】
- 遵守我国的法律法规，具有高尚的职业操守。

1.1 计算机网络的形成、发展及定义

1.1.1 计算机网络的形成

20世纪60年代中期，美国军方的通信主要依靠电话交换网。尽管当时的电话交

换系统已经较为成熟且建设范围很大,但是电话交换网是相当"脆弱"的,只要电话交换系统中有一台通信设备(如交换机)或一条链路发生故障,就有可能导致整个通信中断。如果要立即改用其他链路进行通信,那么必须重新拨号建立连接,这会花费一些时间。为了解决这个问题,美国国防部高级研究计划局(Defense Advanced Research Projects Agency,DARPA)开始着手研究新的通信网络系统,要求当部分通信设备或链路发生故障时,新的通信网络系统能够自动切换到正常工作的通信设备或链路,以保证继续进行通信。1967 年,美国国防部高级研究计划局提出阿帕网(Advanced Research Projects Agency Network,ARPANet)研究计划,要求 ARPANet 能连接不同型号的计算机,且必须满足只需要部分通信设备或链路便可完成通信的条件,以保证数据传输的可靠性。

1969 年,美国国防部创建的第一个分组交换网——ARPANet 开始运行。该网络虽然只包含 4 个节点,但证明了分组交换理论的正确性。ARPANet 标志着计算机网络时代的到来,对计算机网络技术的发展起到了奠基作用。

1.1.2 计算机网络的发展

追溯计算机网络的发展历史可以发现,它的演变可概括地分成以下 4 个阶段。

阶段 1:从 20 世纪 50 年代中期开始,以单个计算机为中心的远程联机系统构成了面向终端的网络,这种网络被称为第一代计算机网络。这个阶段的计算机网络主要是美国军方于 1954 年推出的半自动地面防空系统(Semi-Automatic Ground Environment,SAGE),其将远程雷达和其他信息设备通过链路与一台中心计算机连接起来,进行防空信息处理与控制。严格来说,该阶段的终端没有独立处理数据的能力,因此,该阶段的计算机网络还不是真正的计算机网络。

阶段 2:从 20 世纪 60 年代中期开始,计算机网络进行主机互联,多个独立的计算机通过链路互联构成计算机网络,但没有网络操作系统,只有通信网。20 世纪 60 年代后期出现的 ARPANet 被称为第二代计算机网络。

阶段 3:在 20 世纪 70~80 年代中期,以太网产生了。国际标准化组织(International Organization for Standardization,ISO)制定了网络互联模型——开放系统互连(Open System Interconnection,OSI)参考模型,至此世界上有了统一的网络体系结构。遵循国际标准化协议的计算机网络得到迅速发展,这一阶段的计算机网络被称为第三代计算机网络。此时，公用数据网络与局域网技术也得到了迅速发展。

阶段4：从20世纪90年代中期开始，计算机网络向综合化、高速化发展，出现了多媒体智能化网络。这个阶段的计算机网络已经发展到第四代——以千兆位传输速率为主的多媒体智能化网络。这时，局域网技术也已发展成熟。

1983年，ARPAnet分为两部分：一部分为军用，被称为军用网络（Military Network，MILNet）；另一部分为民用，仍被称为ARPAnet。1991年，美国允许在互联网上开展商业活动，商业应用使互联网的发展更加迅猛。1995年4月，美国国家科学基金会（National Science Foundation，NSF）与美国世界通信公司（WorldCom）开始合作建设主干网，该主干网可以连接超级计算中心美国国家大气研究中心（National Center for Atmospheric Research，NCAR）、美国国家超级计算应用中心（National Center for Supercomputer Applications，NCSA）、圣地亚哥超级计算机中心（San Diego Supercomputer Center，SDSC）、中国电信集团有限公司。由于主干网的传输速率得到大幅提高，因此新的主干网被用来代替原有的国家科学基金网（National Science Foundation Network，NSFNet），促进了互联网的形成。随着用户数量的不断增加、网络规模的不断扩大、网络技术的迅猛发展，互联网几乎深入到社会的各个角落，影响着人们的生活。ARPANet到互联网的发展过程如图1-1所示。

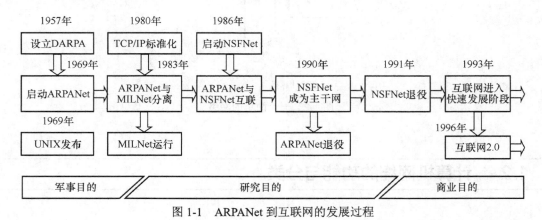

图1-1　ARPANet到互联网的发展过程

1.1.3　计算机网络的定义

计算机网络是指将地理位置不同的具有独立功能的多台计算机及其外部设备通过链路连接起来，在网络操作系统、网络管理软件及网络通信协议的管理和协调下，实现资源共享和信息传递的计算机系统。计算机系统是指按照人的要求接收和存储信息，自动进行数据处理和计算，并输出结果信息的机器系统。计算机网络主要具有以下特点。

（1）联网计算机系统之间是相互独立的自治系统。系统中的每台计算机有自主功能，其中，自主功能指计算机脱离计算机系统后仍能独立地运行。

（2）联网的计算机之间必须遵循规定好的约定和规则，即网络通信协议，以使计算机之间的数据传输不出错。这些通信规则可以由国际组织制定并发布，也可以由设备厂商进行制定。

（3）组建计算机网络是为了实现资源共享和信息传递。计算机资源主要指计算机的软/硬件设备资源和数据资源，网络用户可以通过网络远程访问计算机的资源。不同的计算机资源、网络用户之间的连接方式及服务类型形成了不同的网络结构和网络系统。图1-2展示了一个简单的网络。

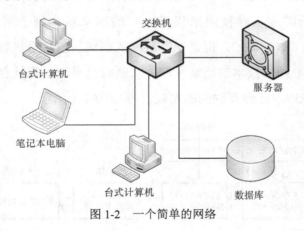

图1-2　一个简单的网络

1.2　计算机网络的功能与分类

1.2.1　计算机网络的功能

计算机网络的功能主要包括实现资源共享、数据信息的快速传输，提供负载均衡与分布式处理、网络资源的集中管理、综合信息服务等服务。

① 资源共享。入网用户均能享受网络中各个计算机系统的全部或部分软/硬件资

源和数据资源，这是计算机网络最基本的功能。

② 数据信息的快速传输。在网络中，主机与主机、主机与终端之间可以通过链路实现数据的快速传输。

③ 负载均衡与分布式处理。计算机网络通过算法将大型综合性问题交给不同的计算机同时进行处理，使用户可以根据需要合理地选择网络资源。网络中的计算机都可以通过网络成为备份机，一旦某台计算机出现故障，那么它的任务可以由其他计算机代为完成，这样可以避免因一台计算机发生故障而导致整个网络瘫痪的情况出现。当网络中某台计算机任务过多时，网络可以将新的任务交给较为"空闲"的计算机完成，从而实现均衡负载，提高每台计算机的可用性。

④ 网络资源的集中管理。在计算机网络中，服务器可以把多个自治系统有机地连接起来进行集中管理，使各部件能协调工作，提高系统的处理能力。

⑤ 综合信息服务。计算机网络可以为用户提供更加丰富的服务项目，如图像、音频、视频等信息的处理和传输，这是单个计算机系统难以实现的功能。

1.2.2 计算机网络的分类

目前，计算机网络已得到了广泛应用，各地都出现多种多样的网络。从不同的角度观察计算机网络，有利于全面认识各种网络的主要特征。计算机网络的分类与一般事物的分类一样，可以按事物所具有的性质或特点进行，具体如下。

1. 按照网络所覆盖的范围分类

（1）局域网

局域网（Local Area Network，LAN）是一种常见的网络，随着网络技术的发展而得到了充分的应用和普及。大多数企业有自己的局域网，甚至有的家庭也有自己的小型局域网。局域网在计算机数量上没有太多的限制，少的可以只有两台计算机，多的可以有几百台计算机。一般来说，企业局域网中计算机（工作站）的数量为几十到几百。很明显，局域网就是部署在局部的网络，它所覆盖的地区范围较小，对应到地理上可以是方圆 10 km。

局域网具有连接距离较短、用户数少、配置简单、传输速率高等特点，通常被部署于一栋建筑或一个企业内，因而不存在寻径问题，也不包括网络层的应用。电气电子工程师学会（Institute of Electrical and Electronics Engineers，IEEE）的局域网标准委员会（IEEE 802 委员会）定义了一系列局域网标准，如以太网、令牌环、光纤分布式数据接口、无线局域网（Wireless Local Area Network，WLAN）等。

（2）城域网

城域网一般部署于城市，能够使不在同一个小区内的计算机互联。城域网采用的标准是 IEEE 802.6，其连接距离为 10～100 km。与局域网相比，城域网覆盖的范围更广，连接的计算机更多。在地理上可以认为，城域网是局域网的延伸。在一个大型城市或城市群中，一个城域网通常连接着多个局域网，例如，网络运营商的城域网可以连接政府机构的局域网、医院的局域网、某企业的局域网等。

城域网多采用异步传输方式（Asynchronous Transfer Mode，ATM）技术搭建骨干网，ATM 是一种用于数据、语音、视频等应用的高速网络传输技术。ATM 包括硬件、软件及与 ATM 标准一致的介质，同时提供一种可伸缩的主干基础设施，以便能够适应不同的规模、速度及寻址技术的网络。由于 ATM 的建设成本太高，因此采用 ATM 技术搭建城域网的用户一般为大型公司、银行、政府等。

（3）广域网

广域网被称为远程网，能够使不同城市之间的局域网或者城域网互联。广域网的覆盖范围比城域网更大，连接的距离为几百到几千千米。因为距离较远，信息衰减比较严重，所以广域网一般要租用专线，通过接口信息处理器（Interface Message Processor，IMP）和链路连接起来构成网状结构，以解决寻径问题。因为广域网具有连接的用户数量多、总出口带宽有限的特点，所以用户终端的传输速率一般较低，通常为 9.6 kbit/s～45 Mbit/s。常见的广域网有中国公用计算机互联网、中国公用分组交换数据网、中国公用数字数据网等。

2．按照数据传输方式分类

（1）广播网络

广播网络中的计算机使用共享链路进行数据传输，网络中的节点能收到某一节点发送的数据。广播网络的传输方式有以下 3 种。

① 单播（Unicast）：信息的目的地址为单个目标的一种传输方式，网络中的节点都会检查该地址。如今，网络中应用最为广泛的传输方式就是单播，常用的协议或服务也大多采用单播的传输方式。

② 组播（Multicast）：信息的接收者为一组设备的一种传输方式。

③ 广播（Broadcast）。信息的接收者为网络中其他所有设备的一种传输方式。

(2）点对点网络

在点对点网络中，单个发送方与单个接收方之间建立一条或多条单独的连接。

3．根据网络组件的关系分类

（1）对等网络

对等网络是网络的早期形式，所使用的典型的操作系统有磁盘操作系统（Disk Operating System，DOS）、Windows 95/Windows 98。在对等网络中，各台计算机在功能上是平等的，没有客户机和服务器之分。每台计算机既可以提供服务，也可以索取服务。对等网络具有各计算机地位平等、网络配置简单的特点，但存在可管理性差的问题。

（2）基于服务器网络

基于服务器网络采用客户机/服务器（Client/Server，C/S）模式。在 C/S 模式中，服务器提供服务，不索取服务；客户机则索取服务，不提供服务。基于服务器网络具有网络中计算机地位不平等、网络管理集中、便于管理、网络配置复杂等特点。

1.3 计算机网络的组成与结构

计算机网络的组成在物理结构上可分为网络硬件和网络软件两部分，具体如下。

（1）网络硬件

常见的网络硬件有计算机、网络适配器（俗称网卡）、网络节点处理器（如交换机）、传输介质（如双绞线、同轴电缆、光纤等）、网络互联设备（如集线器、中继器、路由器、网关等）。

（2）网络软件

常见的网络软件有操作系统（如 Windows 2012 Server 和 Linux）、网络协议、通信软件和管理软件、应用软件（如浏览器和数据库系统）。

1.3.1 早期计算机网络的组成与结构

早期的计算机网络结构实质上是广域网的结构。从逻辑功能上看，广域网可分为资源子网与通信子网。

(1)资源子网

资源子网主要包括主机和终端,负责全网的数据处理,向网络用户提供各种网络资源与网络服务。人们日常所说的计算机其实和主机是一样的,只不过在互联网中,主机是指连接在互联网中某一个物理网络上的、可以运行应用程序的计算机系统。主机可以小到个人计算机,也可以大到如服务器这样的设备。终端则是与主机(计算机系统)相连的一种输入/输出设备。只有大型或中小型用户终端介入本地计算机系统,才能实现对异地联网的计算机系统的硬件、软件或数据资源的访问和共享。

(2)通信子网

通信子网由通信控制处理器、链路与其他通信设备组成,执行数据传输、数据转发等任务。通信控制处理器在网络拓扑中被称为节点,链路为通信控制处理器之间,以及通信控制处理器与主机之间提供通信信道。

通信子网与资源子网缺一不可,没有通信子网,网络将不能工作;没有资源子网,通信子网提供的数据传输服务将失去意义。只有两者结合,才能共同组成一个完整的、实现资源共享的二层网络,这种网络才是社会所需要的数据通信网。通信子网与资源子网的示意如图 1-3 所示。

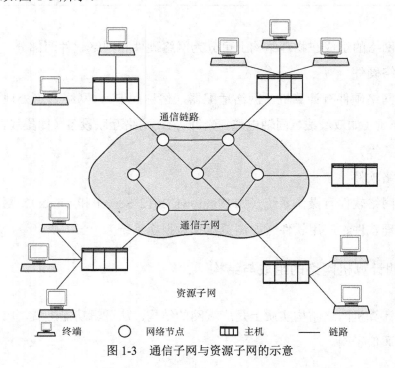

图 1-3 通信子网与资源子网的示意

1.3.2 互联网的组成与结构

人们组建网络的目的是实现地理位置不同的计算机之间的相互通信和资源共享，广域网的出现就是为了将分布在世界各地的计算机互联起来。随着互联网的广泛应用，许多大型企业和机构也部署了互联网。

互联网由分布在世界各地的广域网、城域网、局域网通过路由器互联而成，能够实现更多资源的共享和更大范围的信息传输。与此同时，互联网会变得越来越复杂。用户接入和使用的各种网络服务由互联网服务提供方（Internet Service Provider，ISP）提供。ISP 铺设了大量链路，部署了大量通信设备，并向互联网管理机构申请了大量 IP 地址，为用户提供网络接入服务。

近年来，国家级主干网、各地区的城域网、校园网和企业网的设计与建设思路使得互联网的逻辑结构是一个层次型结构。图 1-4 展示了一个 3 层网络结构，其中，最上层为国家级主干网（又称核心层），中间层为地区级主干网（又称汇聚层），最底层为校园网或企业网（又称接入层）。用户通过接入层接入网络；地区级主干网和国家级主干网上连接着大量的服务器群，拥有很多的资源，为接入的用户提供各种互联网服务。

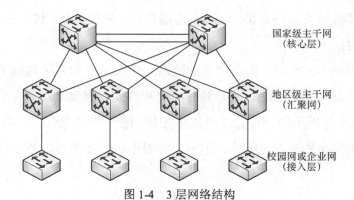

图 1-4　3 层网络结构

1.4　计算机网络拓扑类型

1.4.1　计算机网络拓扑的定义

计算机网络拓扑是指由计算机组成的网络中设备的分布情况以及连接状态，所绘制的图便是拓扑图。拓扑图上一般要标明设备所处的位置、设备的名称和类型、设备间的连接介质类型等信息。

计算机网络的拓扑结构是指网络中计算机或设备与传输媒介形成的节点与线的物理构成模式，分为物理拓扑和逻辑拓扑两种。网络中的节点有两类：①转换和交换信息的转接节点，如交换机、集线器、终端控制器等；②访问节点，如主机和终端。

网络拓扑由节点、链路和通路组成，具体如下。

（1）节点：又称网络单元，指网络中的数据处理设备、数据通信控制设备和数据终端设备。常见的节点有服务器、工作站、交换机等设备。

（2）链路：即通信链路，指两个节点间的物理线路。链路可分为物理链路和数据链路（又称逻辑链路）两种，前者指物理上存在的链路（如电缆、光纤），后者指硬件和软件的通信协议被部署到物理链路后所形成的链路。

（3）通路：指从发送信息的源节点到接收信息的目的节点之间的所有节点和链路，这些节点和链路构成了一条穿过通信网络的节点链。

1.4.2　计算机网络拓扑的分类

常见的计算机网络拓扑有星形拓扑、总线拓扑、环形拓扑、树形拓扑和网状拓扑。

1. 星形拓扑

星形拓扑如图 1-5 所示，由点到点的链路、中央节点和各个边缘节点组成。中央节点是一种功能很强大的网络设备，具有处理和转发数据双重功能，负责其他节点之间的通信。星形拓扑采用的管理方式是集中控制，这种方式会造成中央节点负载过重、而各个终端负载很小的情况，因此，星形拓扑对中央节点的可靠性、冗余度及性能有着很高的要求。

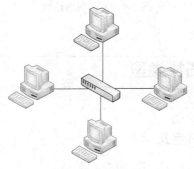

图 1-5　星形拓扑

星形拓扑具有以下优点。

① 结构简单,便于连接,易于管理和维护。

② 网络时延小,传输误差低。

③ 同一网段内支持多种传输介质。

④ 除非中央节点故障,否则网络不会轻易中断通信。

⑤ 每台终端直接连接到中央节点。当网络中出现故障时,故障节点可以很方便地被检测并排除出来。

星形拓扑具有以下缺点。

① 安装和维护的费用较高。

② 资源的共享能力较差。

③ 一条链路只能被该链路上的中央节点和边缘节点使用,因此链路的利用率不高。

④ 对中央节点的要求相当高。一旦中央节点出现故障,整个网络将中断通信。

2. 总线拓扑

总线拓扑如图 1-6 所示。总线拓扑采用一个广播信道作为传输媒介,所有节点通过相应的硬件接口直接连到这一公共传输媒介上,该公共传输媒介被称为总线。任何一个节点发送的信号都沿着传输媒介传播,而且能被其他所有节点接收。

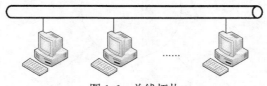

图 1-6　总线拓扑

因为所有节点共享一条公用的传输信道,所以总线拓扑一次只能由一个节点发送信号,并采用分布式控制策略来确定哪个节点可以发送信号。当发送信号时,发送节点将报文进行分组,并逐个依次发送这些分组。有时这些分组还要与其他节点发送的分组交替地在总线上传输。当发送节点的分组经过其他节点时,其中的目的节点会识别出分组携带的目的地址,并复制这些分组的内容。

总线拓扑具有以下优点。

① 需要的线缆数量少,长度短,易于布线和维护。

② 有较高的可靠性。

③ 结构简单,便于组网和扩展。

④ 多个节点共用一条传输信道,信道的利用率高。

总线拓扑具有以下缺点。

① 由于使用一条传输信道且网络为共享式网络,因此若总线故障,则整个网络会中断通信。

② 共享式网络会产生许多垃圾流量,以致故障诊断较为困难。

③ 容易发生数据冲突,链路争用现象比较严重,因此,节点必须是智能的,要有媒体访问控制功能,这会导致节点硬件和软件开销的增加。

3. 环形拓扑

如图 1-7 所示,在环形拓扑中,各节点通过环路接口连接在一条首尾相连的闭合型链路中,环路上的节点均可以请求发送信息。由于环形拓扑的链路是公用的,因此一个节点发送的信息必须穿越其他所有的环路接口。当信息的目的地址与环上某节点的地址相符时,信息会被该节点的环路接口接收,然后继续流向下一个环路接口,直到回到发送该信息的环路接口节点为止。

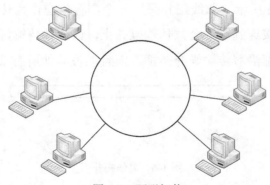

图 1-7 环形拓扑

环形拓扑具有以下优点。

① 电缆长度短。采用环形拓扑的网络所需的电缆长度和采用总线拓扑的网络所需的线缆长度差不多,但比采用星形拓扑的网络所需的电缆长度短得多。

② 易于扩展。当增加或减少工作站时,环形拓扑仅需简单的连接操作。

③ 可使用光纤作为通信介质,这是因为光纤的传输速率很高,十分适合用于环形拓扑的单向传输。

环形拓扑具有以下缺点。

① 节点的故障会引起全网络的故障。因为信息传输要通过接入环形拓扑的每一

个节点,所以一旦环中某个节点发生故障,就会导致全网络发生故障。

② 故障检测困难。这与总线拓扑相似,由于网络的管理方式不是集中控制,因此环形拓扑的故障检测需在网络中的各个节点上进行,不易找到并定位故障节点。

③ 信道利用率低。环形拓扑的媒体访问控制协议采用令牌传递的方式,因此在负载很轻时,信道利用率相对来说比较低。

④ 存在时延,不适用于实时应用。

⑤ 扩展或重构困难,节点的添加或提取过程复杂。

4．树形拓扑

图 1-8 所示的树形拓扑可以被认为是由多级星形结构组成的,只不过这种多级星形结构自上而下呈三角形分布,就像一棵树一样。在这棵树中,顶端的枝叶少些,中间部分的枝叶多些,底端的枝叶最多。树的顶端相当于网络的核心层；树的底端相当于网络的边缘层,树的中间部分相当于网络的汇聚层。树形拓扑采用分级的集中控制方式,其传输介质可以有多条分支,这些分支不形成闭合回路。树形拓扑的每条链路必须支持双向传输。

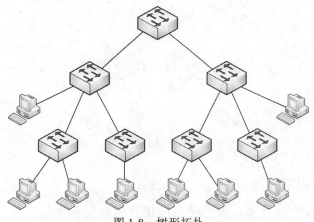

图 1-8　树形拓扑

树形拓扑具有以下优点。

① 易于扩展。这种结构可以扩展出很多分支、子分支和节点,这些新分支和新节点都能容易地被接入网络。

② 易于隔离故障。如果某分支的节点或链路发生故障,那么树形拓扑能够很容易将故障分支与网络的其他分支分隔开。

树形拓扑具有以下缺点。

各节点对根的依赖太大,如果根发生故障,则全网络将不能正常通信。从这方面来看,树形拓扑的可靠性和星形拓扑的可靠性类似。

5. 网状拓扑

图 1-9 所示的网状拓扑在广域网中得到了广泛的应用,它的优点是不受网络瓶颈和网络失效的影响。网络瓶颈指的是影响网络传输性能及稳定性的一些因素,如网络拓扑、传输流量过大、网络设备性能较低等。网络失效指的是造成网络传输中断的一些因素,如传输介质受损、网络设备故障。在网状拓扑中,节点之间有许多条链路,可以为信息的传输选择合适的路径,从而绕过失效或繁忙的节点。虽然网状拓扑的结构比较复杂,建设成本比较高,所采用的网络协议比较复杂,但网状拓扑的可靠性高,这使网状拓扑仍然受到用户的欢迎。

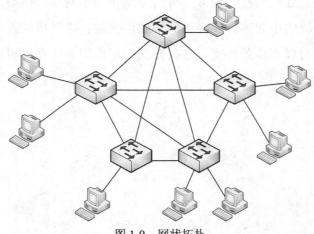

图 1-9 网状拓扑

网状拓扑具有以下优点。

① 节点间的传输路径多,发生信息碰撞和阻塞的概率较小。

② 可靠性高,局部的故障并不影响整个网络的通信。

网状拓扑具有以下缺点。

① 结构复杂,网络的建设难度较大。

② 控制机制复杂,必须采用路由算法和流量控制机制。

目前,互联网常使用图 1-4 所示的 3 层网络结构,这也是一种混合型拓扑。这种混合型拓扑结合了上面拓扑的优点,可以连接多个局域网、城域网甚至广域网,从而组成一个非常庞大的网络系统,实现资源共享和信息传递。

1.5 网络协议与网络体系结构

1.5.1 基本概念

计算机网络由多个互联的节点组成,这些节点之间需要不断地交换数据。要做到有条不紊且不出错地交换数据,通信双方就要遵守一些事先约定好的规则。网络协议是一组控制数据交互过程的通信规则,这些规则明确了通信内容、通信方式、通信时间等方面的要求。

1. 网络协议的基本概念

一般来说,网络协议有三要素。正如人们使用某种语言进行交流,不管是书面交流还是口头交流,都必须遵循所使用语言的语义、语法和时序。网络协议和语言类似,也有自己的语义、语法和时序。

(1) 语义:解释控制信息每个部分的含义,规定需要发送哪种控制信息、完成什么动作、做出什么样的应答等,即讲什么。

(2) 语法:规定用户数据与控制信息的结构与格式,以及用户数据出现的顺序,即如何讲。

(3) 时序:详细说明事件发生的顺序,即讲的先后顺序。

2. 网络体系结构的基本概念

网络体系结构分层模型如图 1-10 所示。在计算机网络中,网络的设计、组建与运行通常有以下几个重要的概念。

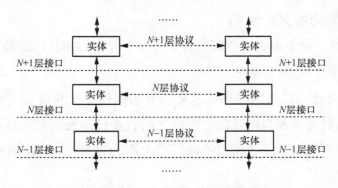

图 1-10 网络体系结构分层模型

（1）协议

协议是一种通信规则。要保证网络通信系统的正常和有序运行，就必须制定和执行各种通信规则。

（2）层次

为了减少网络设计的复杂性，便于网络互联和扩展，网络功能需要被划分为若干个层次。每个层次只完成某个特定功能，并由一种特定的协议描述如何实现这个功能。层次是处理计算机网络问题的基本方法。

（3）接口

接口是同一主机内相邻层之间交换信息的连接点。同一台主机相邻层之间通过接口来交换信息，低层通过接口向与其相邻的高层提供服务。

只要接口条件不变、低层功能不变，低层协议出现的技术变化就不会影响整个网络的运行。

（4）网络体系结构

网络体系结构是网络各层结构与各层协议的集合。网络体系结构是抽象的，而实现网络协议的技术是具体的。不同的网络具有不同的体系结构，其层的数量、各层的功能，以及相邻层的接口可能都不一样。然而在任何网络中，每一层会向它邻接的上层（即相邻的高层）提供一定的服务，而且会对上层屏蔽自身协议的具体细节。这样，网络体系结构就能做到与具体的物理实现无关。

采用分层方式的网络体系结构具有以下优点。

① 各层的独立性强。高层不需要知道低层是如何实现的，只需要知道低层能提供的服务，以及向上层要提供的服务。

② 具有较强的适应性。当任何一层发生变化时，只要层间接口不发生变化，那么这种变化就不会影响到其他层。

③ 易于维护。整个系统被分解为若干个易于处理的部分，这种方式使一个庞大而又复杂的系统维护起来更容易。

④ 每层的功能与该层所提供的服务都有明确的定义和说明，这类似于模块化的思想，各层分别负责各自的功能，各层之间的接口都被设定为标准接口。当需要对网络传输进行自定义，或者使用不同厂商生产的设备时，网络能够更容易地进行搭建。

1.5.2 OSI 参考模型

1974 年，美国的 IBM 公司提出了世界上第一个网络体系结构——系统网络结构（System Network Architecture，SNA）。此后，许多公司纷纷提出了自己的网络体系结构。虽然网络体系结构分层模型的概念为网络协议的设计和实现提供了很大便利，但各个公司为每层分配的功能和所采用的实现技术还有很大差异，这给不同网络之间的互联带来了很大的困难。为了使网络体系结构与网络协议实现标准化，ISO 于 1984 年发布了著名的 ISO/IEC 7498 标准，该标准定义了网络互联的层次框架——OSI 参考模型。在 OSI 参考模型的框架上，ISO 又分别为各层制定了协议/标准，使 OSI 参考模型的网络体系结构更为完善。

1．OSI 参考模型的层次结构

OSI 参考模型定义了不同层次之间互联的标准，该模型是设计和描述网络通信的基本框架。OSI 参考模型共分为 7 个层，从下到上依次为物理层、数据链路层、网络层、传输层、会话层、表示层和应用层，如图 1-11 所示。

图 1-11　OSI 参考模型

在 OSI 参考模型中，第一层到第三层属于 OSI 参考模型的低三层，负责创建网络通信连接的链路；第四层负责高层和低层之间的连接；第五层到第七层为 OSI 参考模型的高三层，负责端到端的数据通信。

OSI 参考模型的每层完成特定的功能，且直接为其邻接上层提供服务。在 OSI 参考模型中，所有层互相支持，使网络通信可以自上而下（在发送方）和自下而上（在接收方）地双向进行。但是，并不是所有网络通信都需要经过 OSI 参考模型的全部 7 层，有的只需要经过通信双方对应的某一层，例如，物理接口之间的转接，以及中继器与中继器之间的连接只需在物理层中进行；路由器与路由器之间的连接只需经过网络层及以下两层。总的来说，双方的通信必须在对等层上进行，不能在不对等层上进行。

OSI 参考模型中各对等层协议之间交换的信息单元被统称为协议数据单元（Protocol Data Unit，PDU）。由下往上各层交换的信息单元分别为比特、数据帧、数据包、数据段、会话协议数据单元（Session PDU，SPDU）、表示协议数据单元（Presentation PDU，PPDU）和应用协议数据单元（Application PDU，APDU）。OSI 参考模型各对等层协议及信息单元如图 1-12 所示。

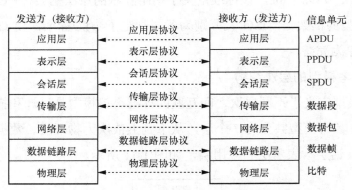

图 1-12　OSI 参考模型各对等层协议及信息单元

2．OSI 参考模型各层的主要功能

（1）物理层

物理层是 OSI 参考模型中最重要最基础的一层，建立在传输媒介的基础上，实现设备之间物理接口的互联。物理层关注的是通信信道上传输的原始比特，即只需要确保当发送方发送了 1 bit 时，接收方收到的也是 1 bit，并不需要考虑信息的意义和信息的结构。

物理层涉及的典型问题包括用什么来表示 1 和 0、对应的电平持续多长时间、传输是否可以双向同时进行、初始连接如何建立、双方结束通信之后连接如何撤销、网络连接器有多少针脚及每个针脚的用途是什么等。

在这一层，数据传输单元为比特。常见的物理层设备有中继器、集线器、调制解调器等。

（2）数据链路层

数据链路层在物理层的基础上建立相邻节点之间的数据链路，将一个原始的传输设施转变成一条没有传输错误的链路,使发送方发送的信息在信道上无差错地进行传输,同时为其邻接的网络层提供有效的服务。

在这一层,数据传输单元为数据帧。常见的数据链路层设备有二层交换机和网桥。

(3) 网络层

网络层又称通信子网层,用于控制通信子网的操作。在计算机网络中,通信的两台计算机之间传递的信息可能会经过多条数据链路,也可能会经过多个通信子网,那么网络层的任务就是解封数据链路层收到的数据帧,提取其中的数据包,并选择合适的网间路由和交换节点,确保数据包及时传送。数据包的包头含有逻辑地址信息、发送方和接收方的网络地址。

在这一层,数据传输单元为数据包或分组。常见的网络层设备有路由器和具有路由功能的三层交换机。

(4) 传输层

传输层是真正的点到点,即主机到主机的层,自始至终地将数据从发送方携带到接收方。传输层从网络层获得的服务包括:发送和接收正确的数据块分组序列,并用其构成传输层数据。同时,传输层还可以获得网络层信息,如逻辑信道。逻辑信道是一种由物理信道上传递的不同种类的信息构成的信道,一般为人工定义的信息传输通道。传输层向会话层提供的服务包括无差错且有序的报文收发、传输连接、流量控制等。

在这一层,数据传输单元为数据段。常见的传输层设备有传输网关。

(5) 会话层

会话层主要管理主机之间的会话进程,即建立、管理、终止进程之间的会话。一次连接被称为一次会话。会话层还在信息中插入校验点,实现数据的同步,以便系统在崩溃之后还能被恢复到崩溃前的状态。

(6) 表示层

表示层关注的是所传递信息的语法和语义,而表示层以下的5层关注的是如何传递数据位(数据位是通信中真正有效的信息)。不同的计算机可能有不同的内部数据表示法,为了让这些计算机能够进行通信,表示层会对应用层的数据或者信息进行变换,以保证一台主机应用层的信息可以被另一台主机的应用程序所理解。

表示层的数据转换包括数据语法、语法表示、连接管理、数据的加密/压缩方式、数据格式转换等。

（7）应用层

应用层面对的是用户的具体应用，如用户应用程序执行通信任务时所需要的协议和功能。应用层为操作系统或者网络应用程序提供访问网络服务的接口。

3．OSI 参考模型的数据传输

为了使数据从源主机被完整地发送到目的主机，源主机在 OSI 参考模型上的每一层要与目标主机的对等层进行通信。OSI 参考模型的数据传输过程如图 1-13 所示。

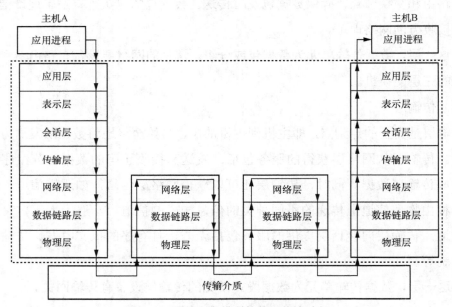

图 1-13　OSI 参考模型的数据传输过程

主机 A 首先将数据送到应用层，加上应用层协议要求的控制信息，形成应用层的协议数据单元；其次将应用层的协议数据单元传到表示层，形成表示层的服务数据单元，并加上表示层协议要求的控制信息，形成表示层的协议数据单元；再次将表示层的协议数据单元传到会话层，形成会话层的协议数据单元，并加上会话层协议要求的控制信息，形成会话层的协议数据单元，依次类推，到达数据链路层。数据链路层协议的控制信息分为两部分，分别是控制头部信息和尾部信息。网络层的协议数据单元加上数据链路层协议要求的控制信息后形成数据帧，数据链路层将数据帧不加任何控制信息地传输到物理层，由物理层转换成比特序列，通过传输介质传输到主机 B 的物理层。上述过程被称为封装，指网络节点将要传输的数据用特定的控制信息进行打包。

OSI 参考模型的数据封装过程如图 1-14 所示，各层协议的控制信息因协议和传送内容不同会有不同的内容和格式要求。

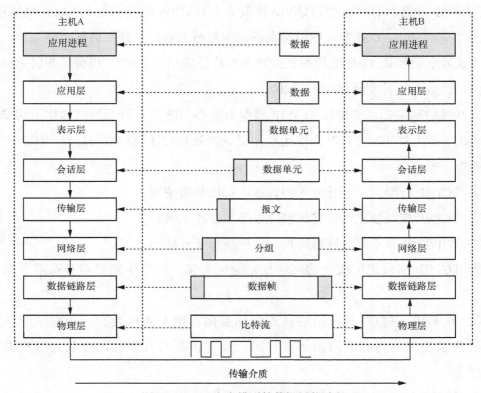

图 1-14　OSI 参考模型的数据封装过程

在图 1-14 中，主机 B 的物理层将比特流传输给数据链路层，由数据链路层将数据帧中的控制头部信息和尾部信息去掉，形成网络层的协议数据单元。数据链路层将协议数据单元传输给网络层，由网络层去掉协议控制信息，形成网络层的协议数据单元，依次类推，直到数据被传输到主机 B 的应用进程。上述过程被称为解封装，指网络节点去掉接收数据的控制报头。

1.5.3　TCP/IP 模型

1．TCP/IP 简介

传输控制协议/互联网协议（Transmission Control Protocol / Internet Protocol，TCP/IP）是指能够在多个不同网络间实现信息传输的协议簇。TCP/IP 不是仅指 TCP 和 IP 这两个协议，而是指一个由文件传送协议（File Transfer Protocol，FTP）、简单邮件传送协议(Simple Mail Transfer Protocol,SMTP)、TCP、用户数据报协议(User Datagram Protocol,UDP)、IP 等构成的协议簇,这个协议簇之所以被称为 TCP/IP 模型,是因为 TCP 和 IP 非常具有代表性。TCP/IP 模型是由 DARPA 研发的用于互联的网络模型,发展至今非常成功。OSI 参考模型标准的制定耗时太长,导致在被制定好之前,互联网的飞速发展已经让 TCP/IP 模型在全世界被广泛应用。TCP/IP 模型是非国际标准模型,但已经成为一种实际使用的标准。

互联网的网络体系结构以 TCP/IP 模型为核心,IP 为各种不同的通信子网或局域网提供统一的互联平台,TCP 为应用程序提供端到端的通信和控制功能。TCP/IP 模型主要有以下特点。

① TCP/IP 模型是一个开放的协议簇,可以免费使用。

② TCP/IP 模型独立于计算机硬件设备和操作系统。

③ TCP/IP 模型不区分网络硬件,被广泛用于互联网。

④ TCP/IP 模型使用统一的网络地址分配方案,网络中的终端具有唯一的网络地址。

⑤ TCP/IP 模型对其高层协议进行标准化,使不同种类的应用程序能够根据自己的需求使用不同的应用层协议,因此具有极高的可靠性,可以为用户提供可靠的服务。

2. 基于 TCP/IP 模型的网络体系结构

基于 TCP/IP 模型的网络体系结构分为 4 层:网络接口层、网络层、传输层和应用层。TCP/IP 模型与 OSI 参考模型的对比如图 1-15 所示。TCP/IP 模型各层的具体信息如下。

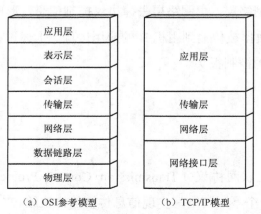

(a) OSI 参考模型　　(b) TCP/IP 模型

图 1-15　TCP/IP 模型与 OSI 参考模型的对比

（1）网络接口层

网络接口层用于控制对本地局域网或广域网的访问，常用的协议有以太网、IEEE 802.3、点到点协议（Point-to-Point Protocol，PPP）、高级数据链路控制（High-Level Data Link Control，HDLC）、帧中继等。

（2）网络层

网络层负责解决一台计算机与另一台计算机之间的通信问题，即进行寻址和路由选择。该层的协议主要是 IP，用 IP 地址标识互联网中的网络和主机。IP 被存储在主机和网间互联设备中，是一种不可靠、无连接的数据报传送服务协议，提供一种尽力而为的服务。网络层常见的协议除了 IP，还有解决数据帧传输问题的地址解析协议（Address Resolution Protocol，ARP）和反向地址解析协议（Reverse Address Resolution Protocol，RARP），其中，ARP 将 IP 地址映射为 MAC 地址，RARP 则相反，把 MAC 地址映射为 IP 地址。

（3）传输层

传输层主要负责端到端的通信，常用的协议是 TCP。TCP 只存在于主机中，提供面向连接的服务。传输层在通信时必须先建立一条 TCP 连接，用于提供可靠的、端到端的数据传输。除了 TCP 外，UDP 也是常用的传输层协议，提供无连接的服务。

（4）应用层

应用层的协议只在主机上实现。常见的应用层协议有：简单网络管理协议（Simple Network Management Protocol，SNMP）、超文本传送协议（Hypertext Transfer Protocol，HTTP）、域名系统（Domain Name System，DNS）、FTP 和 SMTP。

TCP/IP 模型各层常用的协议及其作用如图 1-16 所示。

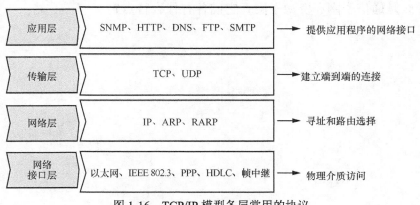

图 1-16　TCP/IP 模型各层常用的协议

习 题

一、选择题

1．在网络的发展过程中，（　　）对网络的影响最大。
   A．ARPANet   B．中国公用计算机互联网
   C．中国公用分组交换数据网   D．中国公用数字数据网

2．组建网络的目的是实现联网计算机系统的（　　）。
   A．硬件共享   B．软件共享   C．数据共享   D．资源共享

3．下面不是局域网特征的是（　　）。
   A．分布在一个宽广的地理范围之内   B．提供给用户一个高宽带的访问环境
   C．连接物理上距离相近的设备   D．传输速率高

4．以太网中的联网计算机之间在传输数据时，以（　　）为单位进行数据传输。
   A．报文   B．信元   C．数据包   D．数据帧

5．在 TCP/IP 模型中，与 OSI 参考模型的网络层相对应的层是（　　）。
   A．网络接口层   B．网络层   C．传输层   D．应用层

二、简答题

1．什么是网络？

2．什么是网络拓扑？有哪些网络拓扑？这些网络拓扑各有什么优缺点？

3．网络的发展经过了哪几个阶段？

4．网络协议的三要素是什么？它们的意义是什么？

5．什么是通信子网和资源子网？它们各有什么特点？

第 2 章　数据通信基础

本章首先介绍物理层和数据通信系统，然后在这些内容的基础上，对数据通信方式、数据传输方式、多路复用技术及数据交换技术进行系统讨论，使读者对数据通信有一个全面的认识。

------- 本章教学目标 -------

【知识目标】
- 了解物理层的基本概念、物理层接口的标准，以及常见的物理层设备。
- 了解数据通信系统的组成部分。
- 掌握数据通信方式和数据传输方式。
- 了解多路复用技术的分类与特点。
- 掌握数据交换技术。

【技能目标】
- 具备独立制作双绞线的能力。

【素质目标】
- 培养动手实践能力和团队精神。

2.1　物理层及其应用

在 OSI 参考模型中，物理层是底层，即 OSI 参考模型从下往上数的第一层。物理层的定义是：为数据终端设备（Data Terminal Equipment，DTE）和数据电路终端设备（Data Circuit-Terminating Equipment，DCE）之间的数据传输实现物理链路的建立、维持和拆除。简单地说，物理层确保原始的数据可在各种物理媒体上进行传输。

2.1.1 物理层的功能

由于计算机网络使用的传输介质与通信设备种类繁多，各种通信链路之间及通信技术之间存在很大的差异。为了适应和兼容这些差异，物理层为不同类型的传输介质设置了相应的物理层协议。物理层的主要功能是利用传输介质为数据链路层提供物理连接，实现比特流的透明传输。物理层的主要作用是负责传输表示 0 或 1 的电信号，尽量屏蔽不同传输介质和各种通信技术之间的差异，使数据链路层只需要考虑如何使用物理层提供的服务，而不需要考虑物理层使用了哪些传输介质和通信技术。

在 OSI 参考模型中，只有物理层在真正意义上实现了直接通信，其他层都只是在逻辑上实现了直接通信。

2.1.2 物理层接口标准

1. 物理层接口的含义

物理层接口不仅包括数据终端设备与数据电路终端设备之间的接口，还包括数据电路终端设备和数据电路终端设备之间的接口。这些接口之间的连接都需要遵循共同的物理层接口标准。

物理层接口标准不是指物理层设备或物理传输介质的标准，而是指建立、维护和断开物理链路的规范和协议，以及物理层接口之间的通信标准。物理层接口标准具有机械、电气、功能、规程等特性，这些特性的含义如下。

（1）机械特性：又称物理特性，指明接口所用接线器的形状和尺寸、引线数目和排列顺序、固定装置、锁定装置等。

（2）电气特性：指明在接口电缆内各条线上出现的电压范围、传输速率、平衡特性、距离限制等。

（3）功能特性：指明接口电缆内某条线上出现的电平表示何种意义，即信号的含义。

（4）规程特性：指明利用信号线进行比特流传输的操作过程，如各信号线的工作规则和时序。

2．常见的物理接口标准

常见的物理接口标准有以下几种。

ISO 制定的物理接口标准主要包括 ISO 1177、ISO 2110、ISO 4902 等。

国际电话电报咨询委员会（International Telegraph and Telephone Consultative Committee，CCITT）制定的物理接口标准主要包括 V 系列标准、X 系列标准和 I 系列标准。

美国电子工业协会（Electronic Industries Association，EIA）制定的物理接口标准主要包括 RS-232C 和 RS-449。

RS-232C 标准的全称是 EIA-RS-232C 标准，其中，RS 的英文全称为 Recommended Standard，中文意思是推荐标准；232 表示标识号；C 表示 RS-232 的最新一次修改。RS-232C 标准规定连接电缆的机械/电气特性、信号功能及传输过程，个人计算机上的 COM1 接口和 COM2 接口就是采用 RS-232C 标准的接口。RS-232C 标准规定的机械、电气、功能和规程特性如下。

（1）机械特性

由于 RS-232C 标准并未定义连接器的物理特性，因此连接器出现了 DB-25、DB-15、DB-9 等多种类型。不同类型连接器的引脚定义各不相同。个人计算机中使用的是 9 针（引脚）连接器，即 DB-9。25 针（引脚）连接器（DB-25）具有 20 mA 电流环接口功能，该功能可以用序号为 9、11、18 和 25 的针（引脚）来实现。DB-9 连接器的串口引脚如图 2-1 所示，各串口引脚的定义见表 2-1。DB-25 连接器的串口引脚如图 2-2 所示，各串口引脚的定义见表 2-2。

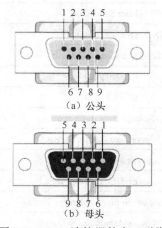

图 2-1　DB-9 连接器的串口引脚

表 2-1 DB-9 连接器各串口引脚的定义

引脚序号	名称	作用
1	DCD（Data Carrier Detect）	数据载波检测
2	RxD（Received Data）	串口数据输入
3	TxD（Transmitted Data）	串口数据输出
4	DTR（Data Terminal Ready）	数据终端就绪
5	GND（Signal Ground）	地线
6	DSR（Data Send Ready）	数据发送就绪
7	RTS（Request to Send）	发送数据请求
8	CTS（Clear to Send）	清除发送
9	RI（Ring Indicator）	铃声指示

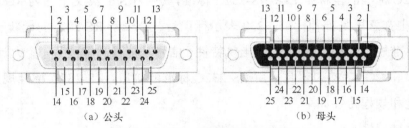

（a）公头　　　　　　　　　　（b）母头

图 2-2 DB-25 连接器的串口引脚

表 2-2 DB-25 连接器各串口引脚的定义

引脚序号	名称	作用
1	SHIELD（Shield Ground）	保护地线
2	TxD（Transmitted Data）	串口数据输出
3	RxD（Received Data）	串口数据输入
4	RTS（Request to Send）	发送数据请求
5	CTS（Clear to Send）	清除发送
6	DSR（Data Send Ready）	数据发送就绪
7	GND（System Ground）	地线
8	DCD（Data Carrier Detect）	数据载波检测
9	RESERVED	保留
10	RESERVED	保留
11	STF（Select Transmit Channel）	选择传输通道
12	SCD（Secondary Carrier Detect）	第二载波检测
13	SCTS（Secondary Clear to Send）	第二清除发送
14	STxD（Secondary Transmit Data）	第二数据输出
15	TCK（Transmission Signal Element Timing）	发送时钟
16	SRxD（Secondary Receive Data）	第二数据输入

续表

引脚序号	名称	作用
17	RCK（Receiver Signal Element Timing）	接收时钟
18	LL（Local Loop Control）	本地回环控制
19	SRTC（Secondary Request to Send）	第二发送请求
20	DTR（Data Terminal Ready）	数据终端就绪
21	RL（Remote Loop Control）	远端回环控制
22	RI（Ring Indicator）	铃声指示
23	DSR（Data Signal Rate Selector）	速率选择
24	XCK（Transmit Signal Element Timing）	传送时钟
25	TI（Test Indicator）	测试指示

（2）电气特性

RS-232C 对电气特性进行了明确规定。在 TxD 和 RxD 引脚上，RS-232C 采用负逻辑定义电平，具体如下。

1）逻辑 1 = −3～−15 V。

2）逻辑 0 = +3～+15 V。

在 RTS、CTS、DSR、DTR 等引脚上，RS-232C 对电平的定义如下。

1）信号有效（on 状态）= +3～+15 V，表示接通。

2）信号无效（off 状态）= −3～−15 V，表示断开。

注意：对于在−3～+3 V 之间的电压，这种电压处于模糊区，会使计算机无法正确判断输出信号的意义，因而计算机可能会输出逻辑 0，也可能会输出逻辑 1。此时得到的结果是不可信的，会在通信时产生大量误码，造成通信失败，因此，实际工作中应保证传输的电压范围为+3～+15 V 或−3～−15 V。

（3）功能特性

以 DB-25 连接器为例，该接口有 25 个引脚，常用的只有 10 个引脚，它们的序号分别是 1、2、3、4、5、6、7、8、20 和 22。

（4）规程特性

RS-232C 的规程特性定义了数据终端设备和数据电路终端设备通过 RS-232C 连接器进行连接时，各信号线在建立、维持和断开物理连接及传输比特流的时序要求，即物理层通信在各控制信号线 on 状态和 off 状态的有序配合下进行。待通信双方的数据传输完毕后，物理连接会被断开。

2.1.3 常见的物理层设备

常见的物理层设备有网卡、光缆、双绞线（RJ-45 接头）、集线器、中继器等。在这些常见设备中，集线器的主要功能是对接收到的信号进行再生整形放大，延长信号的传输距离，同时把其他所有节点传输的信号集中在以它为中心的节点上；中继器只对电缆上传输的信号进行再生放大，并将信号重新发送到其他电缆上。中继器可以通过电缆连接两个局域网。

2.2 数据通信系统

2.2.1 数据通信系统模型

传统的电话在通信之前，必须先进行拨号以连通链路，待通信双方都确认后才能开始通话。在通话过程中，如果外界因素干扰导致某些通话片段听不清楚，那么接听方常常会要求对方再讲一遍。数据通信也必须先解决类似的问题，然后才能进行有效通信。但是，数据通信没有通过人直接进行拨号，因而必须按一定的规程对数据传输过程进行控制，以使通信双方能有效通信。需要控制的规程包括通信链路的连接、收发双方的数据同步、数据通信工作方式的选择、传输差错的检测与校正、数据流的控制、数据交换过程中可能出现的异常情况的检测和恢复。

数据通信系统必须具备 3 个基本要素：信源、信道（传输介质）和信宿。此外，数据通信系统还需要有发送设备和接收设备。数据通信系统模型如图 2-3 所示。

图 2-3 数据通信系统模型

在数据通信系统模型中，远端的数据终端设备通过数据电路与计算机系统相连，其中，数据电路由信道和数据电路终端设备组成。如果信道是模拟信道，那么数据电路终端设备的作用是把数据终端设备发送的数据信号变换成模拟信号再送往信道进行传输；当信号到达目的节点后，数据电路终端设备再把模拟信号变换成数据信号并发送给数据终端设备，这种通信系统被称为模拟通信系统，其模型如图 2-4 所示。

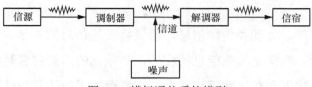

图 2-4　模拟通信系统模型

如果信道是数字信道，那么数据电路终端设备的作用是实现信号码型与电平的转换、信道特性的均衡、收发时钟的形成与供给，以及链路接续控制。这种通信系统被称为数字通信系统，其模型如图 2-5 所示。

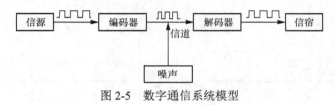

图 2-5　数字通信系统模型

如果传输媒介使用光纤来传输信号，那么数据电路终端设备还需要进行电信号和光信号的转换。

2.2.2　数据通信的基本概念

数据通信是通信技术和计算机技术相结合的一种通信方式，是计算机网络的基础之一。数据通信的目的是传输和交换信息。两地间要传输信息，就必须有传输信道。根据传输介质的不同，数据通信分为有线数据通信和无线数据通信。这两种通信形式都是通过信道将数据终端与计算机连接起来，实现软件、硬件和信息资源的共享。由于信息大多是在计算机之间或计算机与其他网络设备之间进行传输，因此数据通信的实质就是计算机通信。

要理解计算机网络与数据通信技术的内在关系，就要先理解信息、数据和信号之间的联系与区别。

1. 信息、数据和信号的基本概念

（1）信息

信息是人对客观物质的反应，既可以是物质的形态、大小、结构等特性的描述，也可以是客观物质与外部事物的联系。信息是指按照一定要求以某种格式组织起来的数据,这些数据以文字、语音、图像等形式存在。

（2）数据

计算机为了存储、处理和传输信息,需要将表达信息的文字、语音、图像等载体用二进制数据表示。数据是装载信息的实体,是独立的,而信息是经过加工处理的数据。数据包括模拟数据和数字数据,其中,模拟数据采用的是连续值的形式,如声音的强度是连续的值；数字数据采用的是离散值的形式。

（3）信号

信号是指数据的电磁编码,即数据的物理表示形式。信号分为模拟信号和数字信号,其中,模拟信号是连续变化的电磁波,数字信号是电压脉冲序列。模拟信号与数字信号如图 2-6 所示。

图 2-6　模拟信号与数字信号

在数据通信中,会话双方之间传递的是信息,计算机会将信息转换为自身能够识别、处理、传输和存储的数据,计算机之间通过传输介质传输的就是信号。信息、数据和信号之间的关系如图 2-7 所示。

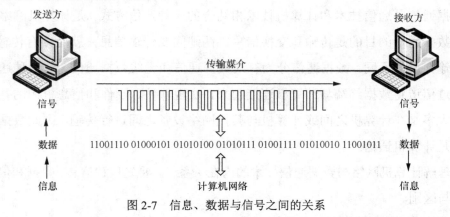

图 2-7　信息、数据与信号之间的关系

2．数据通信重要的技术指标

（1）比特率

比特率是数据的传输速率,是指在有效带宽上,单位时间内传输的二进制数的比特数，一般用符号 S 表示。比特率的单位是比特/秒（bit/s）。常用的数据传输速率单位有 bit/s、kbit/s、Mbit/s、Gbit/s，其中，1 kbit/s =1024 bit/s、1 Mbit/s = 1024 kbit/s、1 Gbit/s = 1024 Mbit/s。常用的数据存储单位有 bit、B、KB、MB、GB、TB，其中，1 B = 8 bit、1 KB=1024 B、1 MB=1024 KB、1 GB=1024 MB、1 TB=1024 GB。在实际应用中，如硬盘这种存储设备厂商并不是按 1024 来换算的，而是用 1000，例如 1 GB = 1000 MB，这也是硬盘的实际存储容量比标称要少的原因。

比特率的大小由发送 1 bit 数据所需要的时间决定。设电脉冲信号的周期为 t，脉冲信号所有可能的状态数为 n，则比特率 S 为

$$S = \frac{1}{t} \text{lb } n \qquad (2\text{-}1)$$

对于二进制数而言，一个电脉冲信号只能传输 1 bit 的数据，则有 $S = \frac{1}{t}$。

（2）波特率

波特率是数字信号经过调制后的传输速率，是指单位时间内传输的码元数，一般用符号 B 表示。波特率等于调制周期的倒数，单位是波特（Baud）。设调制周期为 T，则波特率 $B = \frac{1}{T}$，即 1 Baud 表示 1 s 传送 1 个码元。

（3）比特率与波特率的关系

比特率 S 与波特率 B 之间关系可以表示为

$$S=B \text{ lb } N \qquad (2\text{-}2)$$

其中，N 表示多相调制的相数，lb N 表示一次调制状态变化所传输的二进制位数。波特率与比特率的关系见表 2-3。

表 2-3 波特率与比特率的关系

波特率/Baud	调制方式	N	lb N	比特率/(bit·s^{-1})
2400	BPSK	2	1	2400
2400	QPSK	4	2	4800
2400	8PSK	8	3	7200
2400	16PSK	16	4	9600

3. 信道、信道容量和信道带宽

（1）信道

信道是传输信号的通路，由传输介质和链路设备组成。一条传输链路上可以有多个信道。

（2）信道容量

信道容量表示信道的最大数据传输速率，单位为比特/秒（bit/s）。

（3）信道带宽

信道带宽指信道的最大传输速率，单位为赫兹（Hz）。

4．误码率

误码率是衡量数据通信系统可靠性的指标，常用符号 P_e 表示。误码率又称差错率，是指二进制码元在数据传输中被传错的概率。

2.2.3 传输介质的分类及特性

传输介质是网络中连接收发双方的物理链路，也是数据通信过程中实际传输信息的载体。传输介质可以分为有线传输介质和无线传输介质。

1．有线传输介质

（1）双绞线

双绞线是网络中常见的传输介质，由两条互相绝缘的铜线组成，这两条铜线常见的直径为 1 mm。两条铜线被拧在一起（由 8 根不同颜色的线分为 4 对绞合而成），可以减少邻近线对电信号的干扰。双绞线既能用于传输模拟信号，也能用于传输数字信号，其传输带宽取决于铜线的直径和信号的传输距离。

双绞线可以分为屏蔽双绞线（Shielded Twisted Pair，STP）和非屏蔽双绞线（Unshielded Twisted Pair，UTP）。STP 内有一层金属隔离膜，可减少传输数据时受到的电磁干扰，具有较高的稳定性。UTP 内没有这层金属隔离膜，因而其稳定性和抗干扰性较差。但是 UTP 的优势是价格便宜，具有独立性和灵活性，适用于结构化综合布线。双绞线的结构如图 2-8 所示。

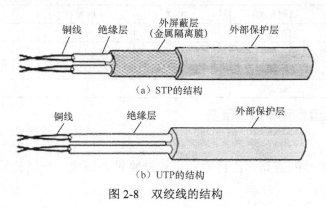

图 2-8　双绞线的结构

要使用双绞线把设备连接起来，就要通过 RJ-45 插头（俗称水晶头）插入网卡或交换机的网口中。水晶头共有 8 个针脚，分别用于连接双绞线内部的 8 条线。从水晶头的正面来看，最左边的针脚编号为 1，最右边的针脚编号为 8。在双绞线的标准中，得到广泛应用的是 T568A 和 T568B，这两种标准之间的区别是芯线序列不同。T568A 的线序依次为绿白、绿、橙白、蓝、蓝白、橙、棕白、棕，采用 T568A 标准的水晶头针脚如图 2-9（a）所示。T568B 的线序依次为橙白、橙、绿白、蓝、蓝白、绿、棕白、棕，采用 T568B 标准的水晶头针脚如图 2-9（b）所示。

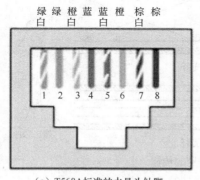

图 2-9　水晶头针脚

（2）同轴电缆

同轴电缆比双绞线的屏蔽性更好，因此可以将电信号传输得更远。同轴电缆以硬铜线为导体，硬铜线外包一层绝缘材料（绝缘层）。这层绝缘材料被密织的网状导体（屏蔽层）环绕，然后又覆盖一层保护性材料（保护层）。同轴电缆的结构如图 2-10 所示。

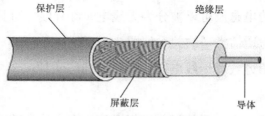

图 2-10　同轴电缆的结构

（3）光纤

光纤由纯石英玻璃制成，纤芯外面包裹着一层折射率比纤芯折射率低的包层，包层外面是保护层，如图 2-11 所示。光纤被广泛应用于主干网，通常可分为多模光纤和单模光纤。单模光纤具有更大的通信容量和更远的传输距离。多模光纤的传输距离较近，但多模光纤芯径大、数值孔径高，能从光源耦合更多的光功率（光功率是指光在单位时间内所做的功）。多模光纤常用的芯线标称直径规格分别为 62.5 μm/125 μm 和 50 μm/ 125 μm（芯径/外壳）。

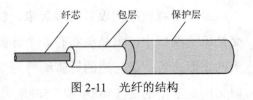

图 2-11　光纤的结构

光纤通常被扎成光纤束，光纤束的外面有保护外壳。光纤的传输速率可达 100 Gbit/s。光纤对信号的传输如图 2-12 所示。

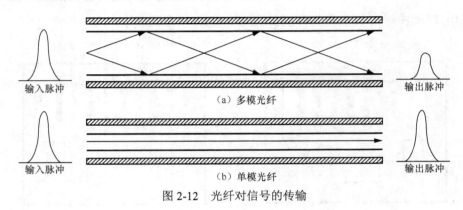

图 2-12　光纤对信号的传输

2．无线传输介质

电磁波是常用的无线传输介质。描述电磁波的参数有 3 个：波长 λ、频率 f 和光速 c。这 3 个参数之间的关系为

$$c=\lambda f \tag{2-3}$$

电磁波的传播方式有两种：一种是在有线空间中传播，如双绞线、同轴电缆和光纤；另一种是在自由空间中传播，即采用无线传输的方式。按照频率由低到高的顺序进行排列，不同频率的电磁波可以被分为无线电、红外线、可见光、紫外线、X 射线和 γ 射线。电磁波谱与通信类型的关系如图 2-13 所示。

电磁波的无线通信方式有无线电通信与微波通信两种。

（1）无线电通信

无线电通信主要依靠电离层的反射进行通信。电离层会随季节、昼夜、太阳活动等因素的变化而变化，这使得信号的传输受到影响。此外，电离层的反射会产生多径效应。多径效应是指同一个信号经过不同的反射路径进行传输，而不同路径传输的信号到达接收点的强度和时延都不相同，这些信号按各自相位进行叠加，从而造成干扰，使原来的信号失真或产生错误。

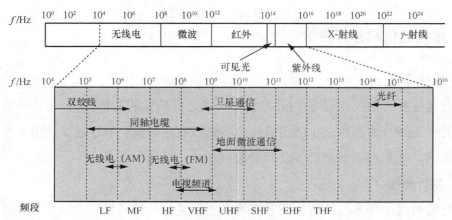

注：LF——Low Frequency，低频；MF——Medium Frequency，中频；HF——High Frequency，高频；
VHF——Very High Frequency，甚高频；UHF——Ultrahigh Frequency，特高频；SHF——Super High Frequency，超高频；
EHF——Extremely High Frequency，极高频；THF——Tremendously High Frequency，至高频；
AM——Amplitude Modulation，调幅；FM——Frequency Modulation，调频。

图 2-13　电磁波谱与通信类型的关系

（2）微波通信

广义上微波的频率范围为 300 MHz～3000 GHz，微波通信典型的工作频率为 2 GHz、4 GHz、8 GHz 和 12 GHz。微波通信主要有两种，分别是地面微波通信和卫星通信。

① 微波在空间中的传播主要是直线传播，因此微波的发射天线和接收天线必须精确对准。由于微波能够穿透电离层，因此微波不能像无线电通信那样经电离层的反射将信号传输到地面上很远的地方。微波在空气中的传播损耗很大，传输距离短，因此在微波通信系统中，每隔一段距离就需要架设一个微波中继站。两个中继站之间的距离一般为 30～50 km。

② 地面微波通信是一种利用地面站传输信号的通信方式。

③ 卫星通信实质上是利用人造地球卫星作为中继站来转发无线电波，从而实现两个或多个地球站之间的通信。

2.3　数据通信方式

在计算机网络中，数据通信方式是指通信双方交互信息的方式。数据通信系统在设计时，需要考虑以下 2 个问题。

① 数据通信是采用串行通信方式，还是采用并行通信方式？

② 数据通信是采用单工通信方式，还是采用半双工或全双工通信方式？

2.3.1 串行通信和并行通信

1. 串行通信

串行通信是一种一次只有 1 bit 数据在设备之间传输的通信方式。串行传输信道将一个由若干比特二进制数表示的信息按比特进行有序传输。串行通信常用于传输计算机与计算机、计算机与外部设备之间的数据。

2. 并行通信

并行通信是一种多比特数据同时在设备之间进行传输的通信方式,一般适用于距离短、传输速率高的场景。并行通信常用于传输计算机内部各部件之间的数据。

3. 串行通信与并行通信的区别

串行通信和并行通信之间的区别如图 2-14 所示。

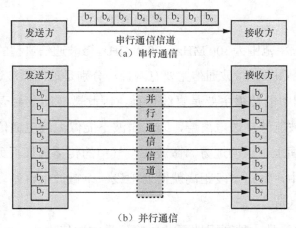

图 2-14 串行通信和并行通信之间的区别

串行通信一次只发送 1 bit 数据,因此这种通信方式需要较少的物理输入/输出(Input/Output,I/O)线,占用较少的空间,并且能很好地抵抗串扰。串行通信的主要优点是系统建设成本和维护成本低,且可以长距离传输信息。串行通信多用于多个主控制系统间的通信,以及主控设备与附属设备、主控中央处理单元(Central Processing Unit,CPU)与功能芯片之间数据的串行传输,实现数据的传输与共享。

并行通信一次发送一个数据块,数据块中的每 1 bit 数据需要一条单独的物理 I/O 线。数据块的大小可以为 8 bit、16 bit 或 32 bit。并行通信的优点是传输速度快,缺点是使用的物理 I/O 线多。并行通信多用于 CPU、随机存储器(Random Access Memory,

RAM)、音视频工作站、网络硬件等设备之间数据的传输。

2.3.2 单工、全双工和半双工通信

1．单工通信

单工通信只支持数据在一个方向上传输，即在同一时间只有一方能接收或发送信息，因此，单工通信不能实现双向通信。广播电视以及计算机与打印机之间所采用的通信是单工通信。

2．半双工通信

半双工通信允许数据在两个方向上进行传输，但是在某一时刻只允许数据在一个方向上进行传输。它实际上是一种切换方向的单工通信，即在同一时间只可以有一方可以接收或发送信息，但以切换方向的方式实现了双向通信。对讲机之间的通信就是一种半双工通信。

3．全双工通信

全双工数据通信允许数据同时在两个方向上进行传输，因此可以理解为两个单工通信的结合。它要求发送设备和接收设备都有独立的接收和发送能力，即在同一时间可以同时接收和发送数据，实现双向通信。电话之间的通信就是一种全双工通信。

单工通信、半双工通信与全双工通信如图 2-15 所示。

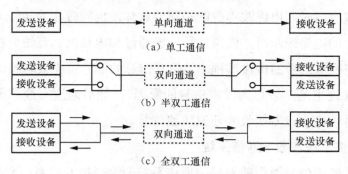

图 2-15　单工通信、半双工通信与全双工通信

2.4　数据传输方式

计算机系统关心的是信息采用什么样的编码方式，例如，如何用美国信息交换标准代码（American Standard Code for Information Interchange，ASCII）表示字母、数字

和符号。而对于数据通信技术来说,它关注的是如何将表示各类信息的二进制数通过传输介质在不同的计算机之间传输。物理层需要根据传输介质与传输设备来确定使用哪种信号编码方式进行数据传输,常见的信号类型有数字信号与模拟信号。

2.4.1 数字信号与模拟信号

1. 数字信号

数字信号是指幅值的取值被限制在有限个数值之内的离散信号,可以用一系列断续变化的电平或光脉冲来表示。例如,可以用恒定的正电平表示二进制数值 1,用恒定的负电平表示二进制数值 0。当采用断续变化的电平或光脉冲表示数字信号时,通信双方一般需要用双绞线、电缆或光纤连接起来,才能将信号从一个节点传到另一个节点。数字信号不仅具有较高的抗干扰性,还可以通过压缩的方式占用较少的带宽,实现在相同的带宽内传输更多的信息。此外,数字信号还可以存储于半导体集成存储器中,直接被计算机处理。若电话、传真、电视所承载的音频、文本、视频等数据以及其他不同形式的信号可以转换成数字信号来传输,则这将有利于组成统一的通信网。

2. 模拟信号

模拟信号是指在时域上的数学形式为连续函数的信号,可以用一系列连续变化的电磁波或电平来表示,例如,无线电通信与广播电视中的电磁波。当模拟信号采用连续变化的电磁波表示时,电磁波本身既是信号载体,也同时作为传输介质。当模拟信号采用连续变化的电平表示时,模拟信号一般通过如电话网、有线电视网之类的传输介质来传输。在模拟信号的传输过程中,载有信息的信号首先被转换成波动几乎一模一样的电信号(这也是其被称为模拟信号的原因);然后通过有线或无线的方式进行传输。传输信号被接收设备接收并还原成原信号。

3. 模拟通信系统和数字通信系统

根据信道传输的信号类型的差异,通信系统分为模拟通信系统和数字通信系统,如图 2-16 所示。信道中传输模拟基带信号或模拟频带信号的通信系统被称为模拟通信系统,传输数字基带信号或数字频带信号的通信系统被称为数字通信系统。

模拟通信系统仅使用模拟传输方式,而数字通信系统既可以使用模拟传输方式又可以使用数字传输方式。目前数字通信系统较为常用,数字通信系统有以下优点。

① 抗干扰能力强:能够消除噪声干扰,将信号恢复为原始信号。

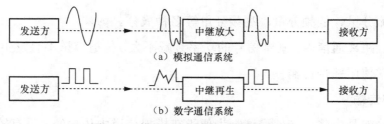

图 2-16 模拟通信系统与数字通信系统

② 便于加密处理：将信号转换为数字信号进行加密。以音频信号为例，经过数字变换后的信号可以用简单的数字逻辑运算进行加密处理。

③ 易于实现集成化：减小通信设备体积，降低通信系统功耗。由于数字通信系统中的大部分电路是由数字电路来实现的，因此微电子技术的发展可使数字通信采用大规模和超大规模集成电路来实现。

④ 利于实现多路通信：数字信号用离散信号表示，而离散信号之间可以插入多路离散信号，从而实现时分多路复用。

2.4.2 频带、基带、宽带传输

电信号也叫信号。信号在一秒内的变化次数叫作频率，其单位为赫兹（Hz）。信号的频率有高有低，就像声调有高有低一样。一个频率到另一个频率之间的范围叫作频带，频带即带宽，指信号所占据的频带宽度。不同的信号有不同的频带。信源发出的没有经过调制的原始信号所固有的频率带宽被称为基本频带，简称基带。宽带并没有严格的定义，一般来说宽带是指链路能够同时处理的频率范围，并且在同一传输介质上，可以利用不同的频道进行并行传输。

1．基带传输

基带传输是指在链路上原封不动地传输由计算机产生的数字脉冲信号（0 或 1）。一个信号的基本频带可以包含直流（零频），甚至数兆赫兹。频带越宽，传输链路的电容/电感对传输信号波形衰减的影响就越大。在数字信号频谱中，从直流开始到能量集中的这个频率范围被称为基本频带，简称基带，因此数字信号被称为数字基带信号，在信道中直接传输基带信号的这种方式被称为基带传输。在基带传输中，整个信道只传输一种信号，使得信道利用率较低。一般来说，在发送方，由编码器将发送的信号变换为可直接传输的数字基带信号；在接收方，由译码器对接收到的信号进行解码，恢复为原始数据。

基带传输是一种最简单最基本的传输方式，传输的是典型的矩形电脉冲信号，其频谱包括直流分量、低频分量、高频分量等多种成分。

由于在近距离通信内,基带信号的功率衰减不大,信道容量不会发生变化,因此,局域网中通常使用基带传输。

2. 频带传输

频带传输就是先将基带信号调制为便于在模拟信道中传输的、具有较高频率的频带信号(模拟信号),再将这种频带信号在模拟信道中进行传输。计算机网络的远距离通信通常采用的是频带传输。

基带传输适用于企业内部的局域网传输。但是,长距离链路是无法传输近似于 0 的分量的。也就是说,远距离通信不能直接传输原始的电脉冲信号(基带信号),因此需要利用频带传输,即使用基带脉冲对载波波形的某些参量进行控制,使这些参量随基带脉冲的变化而变化。这种操作被称为调制,经过调制的信号被称为已调信号。已调信号通过链路从发送方传输到接收方,然后在接收方经过解调被恢复为原始基带信号。频带传输不仅弥补长距离链路不能直接传输基带信号的不足,而且实现了多路复用的目标,提高了通信链路的利用率。不过,使用频带传输时,发送方和接收方都要配置调制解调器。

3. 宽带传输

在基带传输中,我们常常会对一个问题深有体会,那就是等待传输的时间较长。在这种情况下,我们就会非常羡慕并向往一种传输——宽带传输。所谓宽带,是指比音频带宽(4 kHz)还要宽的频带,简单来说就是包括了大部分电磁波频谱的频带。使用这种宽带进行信号传输的系统被称为宽带传输系统。宽带传输可以容纳大部分广播信号,还可以进行高速率的数据传输。借助频带传输,宽带传输可以将链路容量分解成两个或更多的信道,每个信道可以携带不同的信息,并且所有信道可以同时发送信息。

对于局域网而言,宽带传输专门使用传输模拟信号的同轴电缆。由此可见,宽带传输系统是模拟信号传输系统,允许在同一个信道上划分多个逻辑通道,并在逻辑通道中用不同的信号(模拟信号和数字信号)传输数据。一个宽带信道可以划分为多个逻辑基带信道,这样就能够把声音、图像、数据等信息在同一个物理信道中进行传输。总而言之,宽带传输一定会采用频带传输技术,但频带传输不一定是宽带传输。

2.4.3 信源编码方法

信源编码包括数字数据的模拟信号编码、数字数据的数字信号编码和模拟数据的数字信号编码。数字数据的编码方法如图 2-17 所示。

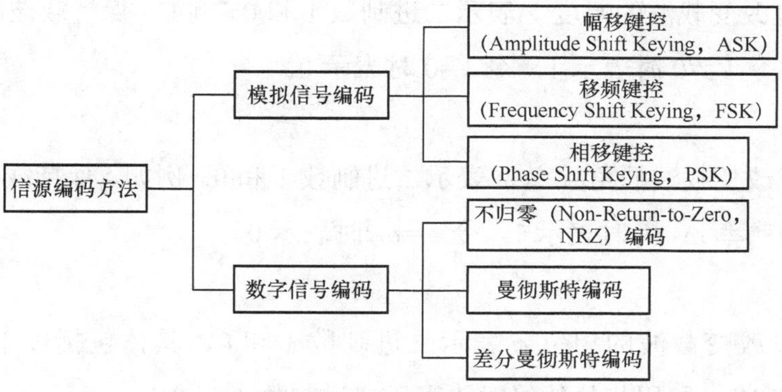

图 2-17 数字数据的编码方法

1．数字数据的模拟信号编码

要进行数据的长距离传输，就要使用公用电话交换网，因此，首先发送方使用调制解调器将数字信号调制为能够在公用电话交换网上传输的模拟信号，并进行传输；然后接收方使用调制解调器将模拟信号解调为原始数字信号。发送方将数字数据信号变换成模拟数据信号的过程称为调制。接收方将模拟信号还原为数字信号的过程称为解调。数字数据的模拟传输过程如图 2-18 所示。

图 2-18 数字数据的模拟传输过程

数字数据的模拟信号编码方法有 3 种：ASK、FSK 和 PSK，如图 2-19 所示。

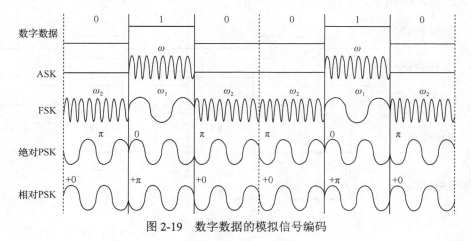

图 2-19 数字数据的模拟信号编码

（1）ASK

ASK 通过改变载波的幅度 V 表示二进制数 1 和 0。例如，保持载波的角频率 ω 和相位 φ 不变，令 $V\neq0$ 时表示 1，令 $V=0$ 时表示 0。

（2）FSK

FSK 通过改变载波的角频率 ω 表示二进制数 1 和 0。例如，保持载波幅度 V 和相位 φ 不变，令频率 $\omega=\omega_1$ 时表示 1，令 $\omega=\omega_2$ 时表示 0。

（3）PSK

PSK 通过改变载波的相位 φ 表示二进制数 1 和 0，具体包括以下两种类型。

① 绝对 PSK，即用相位的绝对值表示二进制数 1 和 0。

② 相对 PSK，即用相位的相对偏移值表示二进制数 1 和 0。

2．数字数据的数字信号编码

数字数据如果使用数字信道直接进行传输，则在传输前先进行数字信号编码。数字信号编码的作用是使二进制数 1 和 0 更有利于传输。数字数据的数字信号编码过程如图 2-20 所示。

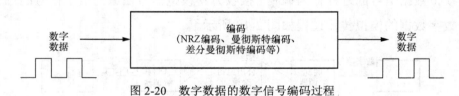

图 2-20　数字数据的数字信号编码过程

数字数据的数字信号编码方式有 3 种：NRZ 编码、曼彻斯特编码和差分曼彻斯特编码，如图 2-21 所示。

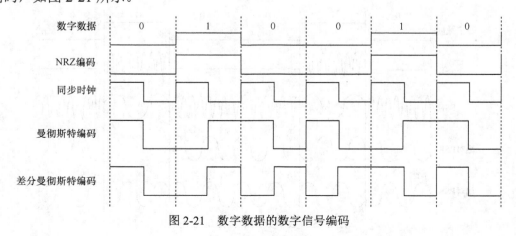

图 2-21　数字数据的数字信号编码

（1）NRZ 编码

NRZ 编码如果用负电平表示二进制数 0，则用正电平表示二进制数 1，反之亦然。因为 NRZ 编码无法判断开始与结束，不能保证通信双方信号的同步，所以采用 NRZ 编码方式的数字信号必须和传输同步信号的同步时钟信号一起发送。

（2）曼彻斯特编码

曼彻斯特编码是目前被广泛应用的编码方法之一。在曼彻斯特编码中，每 1 bit 二进制数的中间都有电平跳变，从低电平跳变到高电平，表示二进制数 1；从高电平跳变到低电平，表示二进制数 0。在通信过程中，每个比特的持续时间里必有一次电平跳变，因此，接收端可以通过监测电平的跳变来保持与发送端同步。曼彻斯特编码无须传输同步信号，但编码效率较低，仅有 50%。

（3）差分曼彻斯特编码

差分曼彻斯特编码对曼彻斯特编码进行改进，令每 1 bit 二进制数的取值由其开始边界是否发生跳变决定。若开始边界有跳变，则表示 0；若开始边界无跳变，则表示 1。在差分曼彻斯特编码中，每个二进制数中间的电平跳变仅为同步使用。

3. 模拟数据的数字化编码

模拟数据常用的数字信号编码方法是脉冲编码调制（Pulse Code Modulation，PCM）。由于数字信号具有传输失真小、误码率低、传输速率高等特点，因此在网络中，除了计算机直接产生的数字信号外，音频、图像、视频等数据必须在经过数字化处理后才能由计算机来处理。PCM 最大的特点是把连续输入的模拟数据变换为在时间和幅度上都离散的数据，然后将离散的数据转化为二进制形式的数字信号进行传输。模拟数据的数字信号编码如图 2-22 所示。

图 2-22　模拟数据的数字信号编码

模拟数据的数字信号编码包括 3 个步骤，分别是采样、量化和编码，具体如下。

① 采样是以一定的时间间隔读取模拟信号的电平幅度值，并将该值取出作为样本。

② 量化是将样本按量化级选择其取值的过程。

③ 编码是用相应的二进制序列表示量化后样本值。

2.5 多路复用技术

为了有效利用传输链路，提高传输效率，多个信号可以同时被送往传输介质，即将多路信号复用在一条物理链路上进行传输。这种技术被称为多路复用技术，如图 2-23 所示。

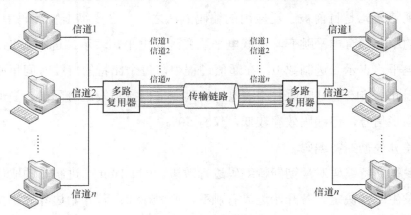

图 2-23　多路复用技术

2.5.1　频分多路复用

频分多路复用（Frequency Division Multiplexing，FDM）按频率将信道划分为不同的子信道。有线电视（Cable Television，CATV）使用的就是 FDM，CATV 在物理信道的总带宽超过单个原始信号所需带宽的情况下，将该物理信道的总带宽分割成若干个与传输单个原始信号带宽相同（或略宽）的子信道，以一路信号占用一个子信道的方式进行传输。FDM 如图 2-24 所示。

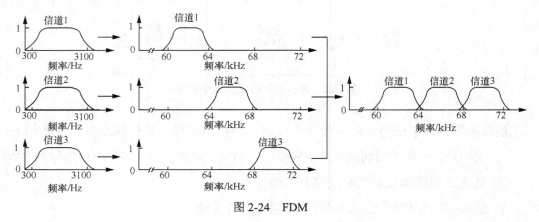

图 2-24　FDM

2.5.2 时分多路复用

时分多路复用（Time Division Multiplexing，TDM）按时间将信道划分为不同的子信道，目前被广泛应用。TDM 把时间分割成小的时间片，每个时间片分为若干个时隙，将信号以一路信号占用一个时隙的方式进行传输。TDM 可以分为同步时分多路复用和异步时分多路复用两种，如图 2-25 所示。

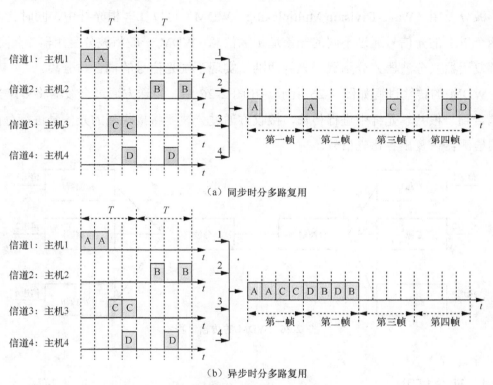

注：T表示时间片；A、B、C、D均表示一路信号，一路信号占用一个时隙。

图 2-25 TDM

同步时分多路复用技术采用固定时间片的分配方式，将待传输信号的时长按特定长度（即周期 T）连续地划分为多个时间段，再将每个时间段划分成多个等长度的时隙。每个时隙以固定方式被分配给一路信号，因此，各路信号在每个时间段内都会被顺序地分配一个时隙。在同步时分多路复用中，时隙被预先分配且长度固定不变，即使时隙拥有者不传输数据，也会占有所分配到时隙，从而造成时隙被浪费，因此同步时分多路复用的时隙利用率很低。

异步时分多路复用也叫作统计时分复用技术，能动态地按需分配时隙：只有当有数据要发送时，时隙才会被分配给数据发送方。在异步时分多路复用中，除了末尾的数据帧外，其他数据帧均不会出现空闲的时隙，从而提高了时隙的利用率，也提高了传输速率。

2.5.3 波分复用

波分复用（Wave-Division Multiplexing，WDM）可以在一根光纤中，同时让两个或两个以上的光信号通过不同的光信道传输信息。WDM 一般将波分复用器（合波器）和解复用器（分波器）分别置于光纤两端，实现不同光信号的耦合与分离。

WDM 的传输过程如图 2-26 所示。在图 2-26 中，发送方通过合波器将多路光信号耦合到一根共享光纤中进行传输，接收方通过分波器将接收到的光信号进行分离，并用检测器恢复出各路光信号。

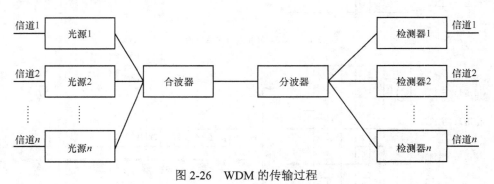

图 2-26 WDM 的传输过程

2.5.4 码分复用

码分复用（Code-Division Multiplexing，CDM）的用户可在同一时间使用同样的频带进行通信，但其使用的是基于码型的信道分割方法，即一个用户分配一个地址码。在 CDM 中，各个码型互不重叠，通信各方之间不会相互干扰，因此抗干扰能力较强。

CDM 根据不同的编码来区分各路原始信号，通过和多址技术相结合产生了多种接入技术。CDM 是一种用于移动通信系统的多路复用技术。笔记本计算机、智能手机、平板电脑等移动终端使用的复用方式就是 CDM。

2.5.5 扩展内容：同步技术

同步是指在数据通信系统中，发送方与接收方采用串行通信的方式进行通信，通信双方在交换数据时需要进行高度协同，彼此间的数据传输速率，以及每个比特的持续时间和间隔都必须相同。常用的同步技术有同步传输和异步传输两种，它们的字符格式如图2-27所示。

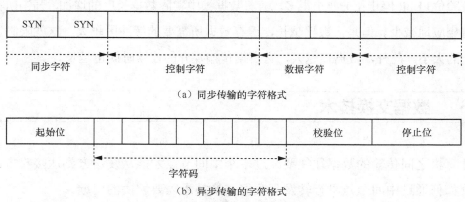

图 2-27 同步传输和异步传输的字符格式

1．同步传输

同步传输又称同步通信，采用位同步技术，以固定的时钟频率串行地发送数字信号。通信双方必须建立精准的同步系统，并在该系统的控制下发送和接收数据。同步传输有以下两种方式。

① 外同步传输：发送方在发送数据前先向接收方发送一串用于同步的时钟脉冲；接收方在收到同步信号后，对时钟脉冲进行频率锁定，然后以同步后的频率为准接收数据。

② 自同步传输：发送方在发送数据时，将时钟脉冲作为同步信号包含在数据流中，并同时传输给接收方；接收方从数据流中识别同步信号，并以此为准接收数据。接收方是从收到的信号的波形中获得同步信号的，因而被称为自同步传输。

2．异步传输

异步传输又称异步通信。在异步传输方式中，通信双方各自使用独立的定位时钟。两个字符之间的时间间隔是不固定的，而一个字符内各比特之间的时间间隔是固定的。每传输一个字符（7 bit 或 8 bit），就要在每个字符码前加一个起始位，表示字符码的开始；在字符码和校验码后面加一个或两个停止位，表示字符结束。

接收方根据起始位和停止位判断一个新字符的开始，以保持通信双方的同步。

同步传输的传输速率通常比异步传输高得多，同步传输的接收方不必对每个字符进行开始和停止操作。同步传输的接收方一旦检测到数据帧同步字符，就会直接接收后面到达的数据。另外，同步传输的开销比较少。例如，一个典型的数据帧可能有 500 B（即 4000 bit）的数据，而只包含 100 bit 的开销，这时增加的比特位（100 bit）使传输的比特总数（4000 bit）增加了 2.5%，这与异步传输 30%的增量（1 bit 起始位+7 bit 数据位 + 1 bit 校验位+1 bit 停止位）要小得多。随着数据帧中实际数据长度的增加，开销所占的百分比将相应地减少。但是，数据越长，缓存数据所需要的缓冲区越大，这就限制了一个数据帧的大小。此外，数据帧越大，它占据传输媒介的连续时间也越长。

2.6 数据交换技术

计算机之间传输的数据往往要经过多个中间节点才能从发送方到达接收方，传输的数据如何通过中间节点进行转发是数据交换技术需要解决的问题。

数据通信中常用的数据交换技术有电路交换和存储转发交换。

2.6.1 电路交换

电路交换也称链路交换，是一种直接的交换方式，其工作过程与电话交换的工作过程很类似。两台计算机在通过通信网络交换数据之前，首先要在通信网络中通过交换设备（节点）之间的连接链路，建立一条实际的专用的物理通路。

1. 电路交换的工作过程

如图 2-28 所示，电路交换必须经过建立物理通路、传输数据和拆除物理通路 3 个过程，具体如下。

① 建立物理通路。通过源节点请求完成通信网络中相应节点的连接，建立一条由源节点到目的节点传输数据的物理通路。

② 传输数据。被传输的数据可以是数字数据，也可以模拟数据。

③ 拆除物理通路。当完成数据传输后，源节点（主机 A）发出释放请求信息，请求终止通信；目的节点（主机 B）接受释放请求并发回释放应答信息。各节点拆除物理通路的对应连接，释放所占用的节点和信道资源，结束连接。

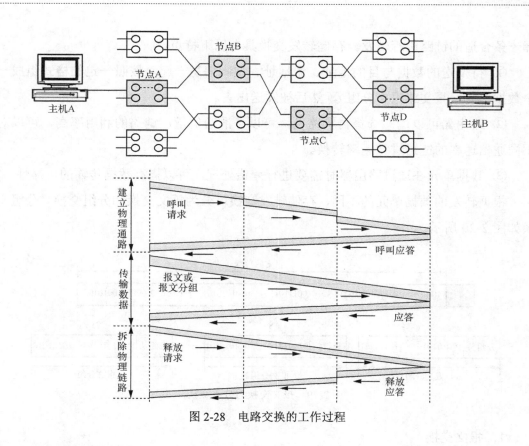

图 2-28 电路交换的工作过程

2. 电路交换的特点

电路交换具有以下特点。

① 数据在开始传输前必须先建立一条专用的物理通路,该通路采用的是面向连接的方式。

② 一旦物理通路被建立,用户就可以以固定的速率传输数据,而且中间节点不对数据进行缓冲和处理,因而传输的实时性高,数据的透明性好。

③ 电路交换既适用于传输模拟信号,也适用于传输数字信号。

④ 在物理通路被释放之前,该通路由通信双方完全占用。即使通信双方没有进行数据传输,物理通路也会被占用,因此链路利用率低。

⑤ 对于突发式通信,电路建立和拆除所需时间较多,因而电路交换的效率不高。

2.6.2 存储转发交换

存储转发交换是指网络中的节点先将途经的数据按传输单元接收并存储,然后选择一条合适的链路进行转发。存储转发交换具有以下特点。

① 待发送的数据与目的地址、源地址、控制信息一起，按照一定的格式组成一个数据单元（报文或报文分组），然后被发送出去。

② 路由器可以动态选择传输路径，可以平滑通信量，链路的利用率高，可以对不同通信速率的链路进行速率转换。

③ 数据单元在通过路由器时需要进行差错处理，可以提高数据传输的可靠性。

根据转发的数据单元的不同，存储转发交换可分为报文交换和分组交换。分组交换如图 2-29 所示。

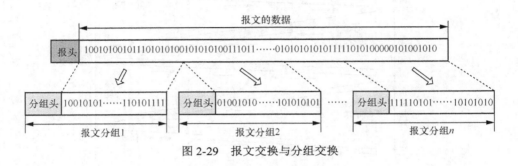

图 2-29　报文交换与分组交换

1．报文交换

报文交换是指网络中的每一个节点先将整个报文完整地接收并存储，然后选择合适的链路转发到下一个节点。每个节点都对报文进行这样的存储和转发，使报文最终到达目的地。在报文交换中，信息的发送以报文为单位。报文由报头和要传输的数据组成，其中，报头中有源地址和目标地址。发送信息时，通信双方不需要事先建立专用的物理通路。

2．分组交换

分组交换不是以整个报文为单位进行交换传输，而是以更短的标准的分组为单位进行交换传输。分组交换将需要传输的报文分割为一定长度的数据段，并在每一个数据段前面加上目的地址、源地址、分组大小和控制信息，形成被称为包（Packet）的报文分组。

在分组交换中，分组的传输有以下两种方式。

（1）数据报方式

在数据报方式中，同一报文的不同分组可以由不同的传输路径通过通信网络，每个分组在传输过程中会携带源节点地址和目的节点地址。由于传输路径不同，不同数据报之间的时延差别可能较大，那么同一报文的不同分组在到达目的节点时，可能会出现乱序、重复或丢失现象。但是，碰到网络拥塞或某个节点出现故障，数据报可以绕开那个拥塞网络和故障节点，选择其他路径进行传输，因此数据报对网络拥塞或故障的适应能力较强。图 2-30 展示了数据报传输方式，其中，P_1 和 P_2 均表示发送方发出的分组，ACK 表示接收方对发送方分组的确认，即收到分组。

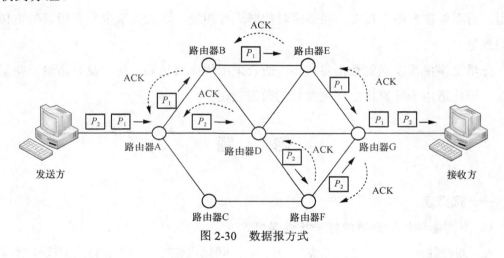

图 2-30　数据报方式

（2）虚电路方式

虚电路方式是为了传输某报文而设立和存在的。两个节点在开始互相发送和接收数据之前，需要在通信网络中建立一条逻辑上的连接链路，所有分组必须在这条链路上传输。当不需要发送和接收数据时，虚电路方式会清除该链路。虚电路是一种逻辑上的连接链路，不像电路交换那样有一条专用的物理通路。虚电路如图 2-31 所示。

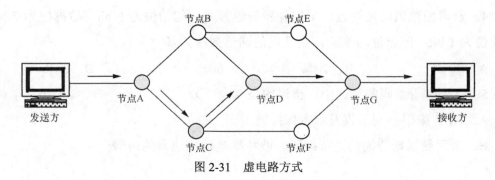

图 2-31　虚电路方式

3. 分组交换与报文交换的比较

分组交换与报文交换相比，降低了传输时延，其原因是：当第一个分组被发送给第一个节点后，发送方接着可以发送第二个分组，依次类推。多个分组可以同时在通信网络中传输，因而分组交换的总传输时延被大大降低。此外，分组交换使信道的利用率也得到了大大提高。

分组交换把数据的最大长度限制在较小的范围内，减少了每个节点所需要的存储空间，从而提高了节点存储资源的利用率。当数据出错时，分组交换只需要重传错误分组，而不要重发整个报文，能迅速对数据进行纠错，这大大减少发生错误时重传数据的数量。

分组交换单次发送的数据量较小，适合采用优先级策略，便于及时传输一些紧急数据，因此适用于计算机之间突发式的数据通信。

习 题

一、选择题

1. 下列哪种传输介质的抗干扰性最好？（　　）

   A．双绞线　　　　　B．光缆　　　　　C．同轴电缆　　　　　D．无线介质

2. PCM 是（　　）的编码。

   A．数字信号传输模拟数据　　　　　B．数字信号传输数字数据

   C．模拟信号传输数字数据　　　　　D．模拟数据传输模拟数据

3. 在同一个信道上的同一时刻，能够进行双向数据传输的通信方式是（　　）。

   A．单工通信　　　　　　　　　　　B．半双工通信

   C．全双工通信　　　　　　　　　　D．上述 3 种均不是

4. 若数据通信的传输过程采用异步传输方式，起始位为 1 bit，数据位为 7 bit，校验位为 1 bit，停止位为 1 bit，则数据的通信效率为（　　）。

   A．30%　　　　　　B．70%　　　　　C．80%　　　　　　D．20%

5. 下列关于编码的描述中，错误的是（　　）。

   A．NRZ 编码不利于收发双方保持同步

   B．采用曼彻斯特编码进行编码，波特率是数据速率的两倍

C．采用 NRZ 编码进行编码，数据速率与波特率相同

D．差分曼彻斯特编码通过每个二进制数中间电平的跳变来区分 0 和 1

二、简答题

1．什么是单工通信、半双工通信和全双工通信？这些通信方式有哪些实际应用的例子？

2．简述数据通信中的主要技术指标及其含义。

3．简述 FDM、TDM 和 WDM 的概念、用途和作用。

4．与电路交换相比，分组交换有何优点？

5．简述基带传输、频带传输和宽带传输的基本概念。

第 3 章　数据链路层及其应用

本章将从数据传输差错产生的原因及控制方法入手,介绍数据链路层的检错码与纠错码,以及数据链路层的功能与常见的协议。

------------------------------- 本章教学目标 -------------------------------

【知识目标】
- 了解数据传输差错的产生原因及控制方法。
- 掌握检错码与纠错码的原理。
- 了解数据链路层的功能。
- 了解数据链路层常用的协议——高级数据链路控制(High Level Data Link Control,HDLC)与点到点协议(Point-to-Point Protocol,PPP)。
- 学习数据链路层与其上下层,以及各协议间的工作过程。

【技能目标】
- 能使用检错码与纠错码正确查找和纠正数据在传输中产生的差错。
- 掌握配置 HDLC 和 PPP 的基本命令。

【素质目标】

培养团队协作精神及奉献精神。

3.1　数据传输差错的产生原因及控制方法

通信的目的是传输信息。在传输过程中,任何信息的丢失或损坏都将对通信产生影响,因此,如何实现无差错的数据传输是通信领域中一个非常重要的问题。

3.1.1 数据传输差错

数据传输差错（简称差错）是指在数据通信中，接收方接收的数据与发送方发送的数据不一致的现象。当然，差错是不可能完全被避免的，所以我们的任务是检查传输过程中是否出现差错，分析差错的产生原因，以及研究差错的控制方法。

3.1.2 差错的产生原因

信息传输的信号要么是电信号，要么是光信号，要么是电磁波信号。信号在物理信道中传输时，链路本身的电气特性所产生的随机噪声、信号幅度的衰减、频率和相位的畸变、电气信号（电压信号或电流信号）在链路上产生反射所造成的回音效应、相邻链路间的串扰，以及外界因素（如闪电、开关跳火、外界强电磁场的变化、电源的波动等）都会造成信号失真，进而造成接收方接收到的信号出现差错。

1. 产生差错的物理原因

噪声有两种：一种是信道固有的、持续存在的随机噪声；另一种是由外界特定的短暂因素造成的冲激噪声。噪声导致出现差错的过程如图 3-1 所示。

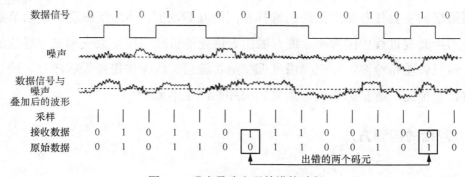

图 3-1 噪声导致出现差错的过程

（1）热噪声

热噪声由传输介质导体的电子热运动产生，是一种随机噪声，所引起的传输差错为随机差错。这种差错引起的某比特码元的差错是孤立的，与前后码元没有关系。

（2）冲激噪声

冲激噪声由外界的电磁干扰引起。与热噪声相比，冲激噪声的幅度较大，是引起传输差错的主要原因。冲激噪声引起的传输差错为突出差错，其特点是当前面的码元出现差错时，后面的码元也会出现差错，即差错之间有相关性。

2. 产生差错的位置原因

（1）通信链路差错

通信链路差错是链路上的故障，或者外界对链路的干扰所造成的传输差错。

（2）路由差错

路由差错是传输的报文在路由过程中，因拥塞、丢失、锁死及报文顺序出错而造成的传输差错。

（3）通信节点差错

通信节点差错是某通信节点由于资源限制、协议同步关系错误、硬件故障所造成的传输差错。通信节点差错的产生原因主要有以下几个。

① 物理层和数据链路层的差错

在物理层，通信节点差错主要由链路差错引起，这种差错的随机性和偶然性比较大。由于物理层主要依靠硬件实现，在该层实现检错和纠错比较困难，因此原则上会把通信节点差错交给数据链路层处理。数据链路层通常以数据帧为单位进行检错和重传，以为上层提供无差错的数据传输服务。

② 网络层和传输层差错

网络层的主要任务是提供路由选择和网络互联功能。网络层出现的通信节点差错主要是路由转发过程中因拥塞、缓存溢出、锁死等引起的报文丢失和失序导致的。网络层一般只做差错检测，而把纠错处理交给传输层。传输层需要采取序号、确认、超时、重传等措施，解决因丢失、重复、失序而产生的差错。

3.1.3 差错的控制方法

1. 常用的控制方法

常用的差错控制方法有两种：一种是改善链路功能，使错码出现的概率低到满足系统要求的程度，即系统可以准确地解调出原信号；另一种是采用抗干扰编码和纠错编码，将传输中出现的某些错码检测出来并进行纠正。

2. 差错的表现形式

差错的表现形式有失真、丢失和失序。

失真是指传输的数据序列中，某比特的值被改变，或者被插入新的数值。通信干扰、入侵者攻击、发送和接收不同步等都会造成失真。因失真造成的差错主要通过各种校验方法来进行检测。

丢失是指数据在传输过程中被丢弃，噪声过大、链路拥塞、节点缓存容量不足等都会造成信息的丢失。丢失可用序号、计数器和确认方式来检测，并通过重传机制来纠正错误。

失序是指数据到达接收方的顺序与发送方发送的顺序不一致。路由策略的选择会引起先发后到，而重传丢失的数据可能导致数据不能按顺序达到，这时，只要把时序错误的数据存储后重新组合，或丢弃并请求重传，便可以解决失序问题。

3. 数据通信中差错的控制方法

数据通信中采用的差错控制方法有 3 种：前向纠错、反馈检验法和自动重传请求（Automatic Repeat Request，ARQ）。

（1）前向纠错

前向纠错通过算法为传输的信息添加冗余信息。发送方根据一定的编码规则对信息进行编码，然后通过信道传输。接收方接收到信息后，如果检测到所接收的信息有错，则通过相关算法确定差错的具体位置，并启用纠错机制，进行自动纠正，不需要发送方重新发送信息。比较著名的前向纠错码有汉明码和 BCH 码[1]。

（2）反馈检验法

接收方将接收到的信息码元（信息码）原封不动地返回到发送方，由发送方与原始信息码元进行比较，如果发现错误，则发送方重新发送。反馈检验法的原理和设备都比较简单，但需要系统提供双向信道。

（3）ARQ

接收方检测到接收的信息码元有差错后，通过反馈信道要求发送方重发原信息，直到接收到的信息码元无差错为止，从而实现纠错。ARQ 过程如图 3-2 所示。

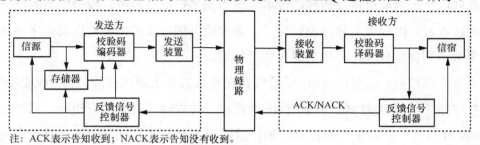

注：ACK 表示告知收到；NACK 表示告知没有收到。

图 3-2　ARQ 过程

1　BCH 码是一种用于纠错，适用于随机差错校正的循环检验码，由 R. C. Bose、D. K. Chaudhuri 和 A. Hocquenghem 共同提出。

3.2 检错法和纠错法

对于发生的传输错误,有两种处理方法:检错法和纠错法。

检错法是检测传输信息的改变。接收方在检测错误时,只能发现出现差错,不能确定出现差错的位置,也不能纠正差错。接收方会将出现差错的信息丢弃,同时通知发送方重新发送该信息。

纠错法是在检测到错误时,接收方能纠正错误而不需要发送方重新发送。具体措施为在传输的信息中增加一些冗余码(冗余位),利用冗余位和信息位之间的约束关系进行校验,以检测和纠正错误。纠错码比检测码需要使用更多的冗余位,因而编码的效率低。此外,纠错码的算法比检测码的算法复杂得多。除了对单向传输或者实时性要求特别高的应用外,数据通信中用得更多的还是检测法和重传机制相结合的差错控制方式。

3.2.1 奇偶校验

奇偶校验码是一种较为简单的校验码,被用来检测数据在传输过程中是否发生错误。奇偶校验码有两种校验方法:奇校验和偶校验,这两种校验方法被统称奇偶校验。

奇偶校验是最常用的差错检测法,其原理是通过增加冗余位,使码字中 1 的个数为奇数或偶数,其中,1 的个数为奇数的叫作奇校验,1 的个数为偶数的叫作偶校验。如果码字中有 1 bit(包括校验位)出现差错,那么接收方按统一的规则可以发现该差错。

奇偶校验分为水平奇偶校验、垂直奇偶校验和水平垂直奇偶校验,具体如下。

水平奇偶校验:以字符串为单位,每组字符串中相同比特在水平方向进行编码校验。数据以字符为单位进行传输,传输顺序为先字符后校验位。校验位与数据一起被发送到接收方,由接收方检测校验位。以偶校验为例,如果接收方发现码字中 1 的个数为奇数,则说明传输过程中信息发生了错误。

垂直奇偶校验:以字符为单位,给字符在垂直方向上增加校验位,构成校验单元。假设某字符的 ASCII 为 1011010,根据奇偶校验的规则,若采用奇校验,则校验位为 1,即为 10110101;若采用偶校验,则校验位应为 0,即为 10110100。垂直奇偶校验检验错误的效果要好于水平奇偶校验检验错误的效果。

水平垂直奇偶校验:将前面两种校验方式相结合,在水平方向和垂直方向同时进行校验。水平垂直奇偶校验见表 3-1。在表 3-1 中，每 6 个字符作为一组，每个字符的数据位在传输前，检测并计算奇偶校验位，将其附加在数据位后，并根据采用的奇偶校验位是奇数还是偶数计算一个字符中所包含的 1 的数目。接收方重新计算收到字符的奇偶校验位，并确定该字符是否出现传输错误。

表 3-1 水平垂直奇偶校验

比特序号	字符 1	字符 2	字符 3	字符 4	字符 5	字符 6	校验位（奇校验）
1	1	1	1	0	1	1	0
2	1	0	0	0	0	0	0
3	0	1	1	1	1	0	1
4	1	1	0	1	0	1	1
5	0	0	1	0	1	0	1
6	1	0	0	1	0	0	0
7	0	0	0	0	0	1	0
校验位（偶校验）	1	1	0	0	0	0	1

从表 3-1 可以看出，偶校验中 1 的个数是偶数（含校验位），奇校验中 1 的个数是奇数（含校验位）。当采用这种校验方式时，只有所有列都发送完毕，才能够完全检测出错误。但是，接收方并不能确定哪个列不正确，只能要求重发所有列，这就增加了通信设备的负担。奇偶校验只能发现单个比特的错误。若两个比特都出现错误，例如，两个 0 变成了两个 1，那么发生的错误不能被奇偶校验检测出来，校验位无效。在实际传输过程中，偶然有 1 bit 出错的可能，所以这种简单的校验方法还是很有用处的。奇偶校验只能检测差错，不能纠正差错。由于不能检测出错误的是哪一比特，因此奇偶校验一般只用于通信要求较低的异步传输和面向字符的同步传输中。

3.2.2 循环冗余校验

循环冗余校验（Cyclic Redundancy Check，CRC）是一种被广泛应用且检测能力很强的检验方法。CRC 的工作原理为：发送方按照某种算法产生一个循环冗余码，将其附加在数据后面并一起发送到接收方；接收方将收到的数据按同样的算法进行除法运算，若除法运算的余数为 0，则表示数据在传输过程中没有出现差错；若余数不为 0，则表示数据在传输过程中出现差错，需要被重新发送。

假设待传输数据的比特序列 $M(x)$ = 1101011011，为了在传输后能方便地进行校验，

$M(x)$后面要加上校验码,该校验码需要由一个生成多项式来生成。这个生成多项式由发送方和接收方共同约定,假设生成多项式为

$$G(x) = X^4+X+1 \tag{3-1}$$

其中,$G(x)$的比特序列是10011,这样就生成了一个二进制码。设 r 为生成多项式 $G(x)$ 的阶,式(3-1)的阶是4,即 $r=4$,那么 $M(x)$ 就变为 $T(x)=11010110110000$,也就是在 $M(x)$ 后面添加4个0。如果生成多项式 $G(x)$ 的阶是3,那么 $r=3$,$M(x)$ 后面就添加3个0。生成多项式 $G(x)$ 的阶为 r,我们就在 $M(x)$ 后面添加 r 个0。接下来,$T(x)$ 和生成多项式 $G(x)$ 的比特序列相除后会得到一个余数。该余数被添加到待传输的数据之后,和 $M(x)$ 一起发送到接收方。接收方使用相同的生成多项式和接收到的数据进行除法运算。如果接收方得到的余数为0,那么说明数据在数据传输过程中没有出错。

在 CRC 中,求余数的除法运算属于模二运算。模二运算在运算时不考虑进位和借位,例如,模二加/减运算的规则是值相同则结果为0、值不同则结果为1,加法运算不进位,减法运算不借位。模二乘/除运算的规则与二进制运算是一样的,只是做减法时按模二减法运算进行。

例如,待传输的比特序列为 1101011011,发送方和接收方约定的生成多项式为 $G(x) = X^4+X+1$,则可得以下内容。

① 生成多项式:$G(x) = X^4+X+1$,比特序列为10011,$r=4$。
② 数据的比特序列 $M(x) = 1101011011$,$T(x) = 11010110110000$。
③ 进行除法运算 $T(x)/G(x)$,具体过程如下。

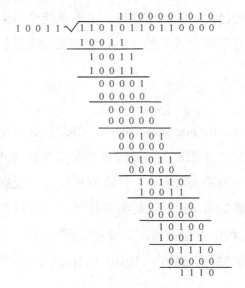

校验码产生后,在待传输的比特序列 $M(x)$ = 1101011011 后面加上校验码 1110,便得到包含校验码的比特序列 11010110111110。这个比特序列被传输给接收方。接收方接收到该比特序列后,会用收到的比特序列和生成多项式的比特序列 $G(x)$ = 10011 进行模二除法运算,得到的余数如果是 0,那么接收到的数据就是正确的;如果是非 0,那么数据在传输过程中出现了差错。这时,接收方会要求发送方重新发送,直到接收到的数据正确为止。如果重传次数超过协议规定的最大重发次数,接收方仍不能接收到正确的数据,那么发送方将停止重传,并向网络层发送传输出错信息。

虽然 CRC 的计算需要花费不少时间,但是实现起来却很简单,使用移位寄存器或检查表的方式即可。这是一种硬件计算方式,可以大大提高 CRC 的计算时间。

3.2.3 汉明码

纠错码和检错码相比,前者的功能更强。检错码只能被用来检测错误,而纠错码不仅能检测错误,还能检测出发生错误的位置并进行纠正。纠错码有很多种,如汉明码和卷积码,我们只介绍汉明码。

汉明码是理查德·卫斯理·汉明在 1950 年发明的从待发数据位中生成一定数量的特殊字符,并通过这些特殊字符检测和纠正错误数据的理论和方法。按照汉明码,M bit 的数据和 K bit 的校验位共同组成了 $N=M+K$ 的码字。若要用 K bit 校验位构造出 K 个监督关系式,指出 1 bit 错码的 N 种位置,就要满足式(3-2)所示条件。

$$2^K-1 \geqslant N \text{ 或 } 2^K \geqslant M+K+1 \tag{3-2}$$

汉明码由数据位和校验位组成,其中,数据位和检验位是交叉排列的。与其他错误校验码类似,汉明码也利用了奇偶校验的概念。假设要发送的数据为 $m_0m_1m_2m_3m_4m_5m_6$,则汉明码为 $ABm_0Cm_1m_2m_3Dm_4m_5m_6$,其中,$A$、$B$、$C$、$D$ 是校验位,校验位编号分别是 1、2、4、8,数据位编号分别是 3、5、6、7、9、10、11。为了知道各个数据会受到哪些校验位的影响,汉明将数据位编号用校验位编号的和来表示,即

3 = 2 + 1,5 = 4 + 1,6 = 4 + 2,7 = 4 + 2 + 1,9 = 8 + 1,10 = 8 + 2,11 = 8 + 2 + 1

上面各式决定了数据位由哪些校验位进行校验。将上面的各式进行整理,得到汉明码的数据位与校验位的排列,见表 3-2。

表 3-2 汉明码的数据位与校验位的排列

数据位	A（1）	B（2）	C（4）	D（8）
m_0（3）	√	√	—	—
m_1（5）	√	—	√	—
m_2（6）	—	√	√	—
m_3（7）	√	√	√	—
m_4（9）	√	—	—	√
m_5（10）	—	√	—	√
m_6（11）	√	√	—	√

注：括号中的数字表示比特的序号。

从表 3-2 可以看出：

① A 为 m_0、m_1、m_3、m_4、m_6 的校验位；

② B 为 m_0、m_2、m_3、m_5、m_6 的校验位；

③ C 为 m_1、m_2、m_3 的校验位；

④ D 为 m_4、m_5、m_6 的校验位。

我们以表 3-2 为例，说明每一个校验位如何取值。设待传输数据的比特序列为 1101101，根据 $2^K \geq M+K+1$ 可得校验位为 4 bit，即 $K=4$，因此，传输的比特序列为 $AB1C101D101$。由表 3-3 所示的偶校验规则可得，校验码 $A=1, B=1, C=0, D=0$，则最终传输的比特序列为 11101010101。

表 3-3 偶校验规则

数据位	A（1）	B（2）	C（4）	D（8）
1（3）	√	√	—	—
1（5）	√	—	√	—
0（6）	—	√	√	—
1（7）	√	√	√	—
1（9）	√	—	—	√
0（10）	—	√	—	√
1（11）	√	√	—	√

注：括号中的数字表示比特的序号。

发送方将该序列发送给接收方后，接收方会检查校验位码字是否具有正确的奇偶性。接收方在检查前会将出错计数器清零。如果某个校验位的奇偶性不对，则出错计数器中加入一个数值，这个数值是校验位编号对应的值。当检查完所有码字后，若出错计数器的值为 0，则接收方认为数据无差错，否则根据出错计数器的值找出错误的位置。

例如，给传输数据的比特序列为 1101101，由偶校验规则得出最终传输的比特序列为 11101010101。而该序列在传输过程中因某种原因造成第 11 位（比特）的数值由 1 变为 0，接收方在进行检测时会发现校验位 A、B、D 出现错误，然后将这 3 个校验位的编号相加，得出第 11 位（比特）的数值出现错误，最后通过取反的方式，将 0 修改为 1，便可得出正确的比特序列。

奇偶校验并不总是有效，如果比特序列中发生错误的位数是偶数，则奇偶校验的结果将是正确的，因此不能检测出错误。如果有多个数据位在传输过程中出错，奇偶校验即使能检测出错误，也不能指出发生错误的位数，从而难以进行纠正。

奇偶校验的效果虽然不佳，但只需 1 bit 额外的空间开销，因此是开销最小的检测方式。

3.3 数据链路层的基本概念

数据链路层属于 OSI 参考模型的第二层，并在物理层提供的服务的基础上，向网络层提供服务。数据链路层在相邻节点之间建立链路，传输以数据帧为单位的数据，并且对传输中出现的差错进行检错和纠错。同时，数据链路层向网络层提供无差错的透明传输，为物理层提供可靠的数据传输。此外，相对于 OSI 参考模型的高层而言，数据链路层的协议比较成熟。数据链路层的协议是网络的基本组成部分，因此，学习和理解数据链路层的功能、标准和协议是非常必要的。

3.3.1 链路与数据链路

（1）链路

链路是从一个节点到与其相邻的节点的物理链路，这条物理链路没有其他任何交换节点。在进行数据通信时，两台计算机之间的通路往往由许多物理链路串接而成。

（2）数据链路

链路与数据链路的概念不同。数据链路不仅必须有链路，还必须有通信协议对数据的传输进行控制。数据链路又被称为逻辑链路，其作用是：对电信号进行分组，并且形成有特定意义的数据帧，然后以广播的形式通过传输介质发送给接收方。

3.3.2 数据链路层的功能

网络上两个节点之间的通信，特别是通信双方之间的时间同步，需要由一些规则和约定来约束，这些规则和约定便是数据链路层协议。数据链路层协议能够让数据在可靠性较低的链路上进行传输。

数据链路层的主要功能包括帧同步、差错控制、流量控制、链路管理和寻址。

（1）帧同步

数据链路层以数据帧为单位进行传输。当传输出现错误时，发送方只需将有错的数据帧进行重传，无须将全部数据重传。数据链路层将比特流组合成数据帧，每个数据帧除了包含要传输数据外，还包含检验码，以使接收方能发现传输中发生的错误。数据帧的结构必须使接收方能够明确地从物理层收到的比特流中区分数据帧的起始位置与终止位置，这也是帧同步的作用。

常用的帧同步方法有以下几种。

① 字符计数法：在数据帧头部，用一个字符计数字段标明数据帧内的字符数。接收方根据该字段的值确定当前数据帧的结束位置和下一个数据帧的开始位置。

② 带字符填充的首位界符法：在每一个数据帧的开头使用 ASCII 字符 DLE STX 标识数据帧的开始，数据帧的末尾使用 ASCII 字符 DLE ETX 标识数据帧的结束。为了不影响接收方对数据帧边界的正确判断，数据帧内可以采用填充转义字符 DLE。发送方如果在数据帧的数据部分发现 DLE，那么可以在该字符的前面再插入 DLE，使数据部分的 DLE 成对出现。接收方若发现连续两个 DLE，则认为前一个 DLE 是转义字符，并删除该 DLE。

③ 带位填充的首位标志法：一次只填充 1 bit 的 0 而不是一个字符 DLE。另外，带位填充的首位标志都用 01111110 作为数据帧开始和结束的标志，而不是用 DLE STX 和 DLE ETX 分别作为数据帧开始和结束的标志。

④ 物理层编码违例法：其原理是利用物理信息编码中的未用电信号作为数据帧的边界。例如物理层采用曼彻斯特编码，将 1 表示成低–高（由低电平变为高电平）电平对，将 0 表示成高–低（由高电平变为低电平）电平对。而高–高电平对和低–低电平对在编码中并未被使用，这时可以用这两种无效的编码标识数据帧的边界。

(2) 差错控制

差错控制中较为常用的方法是检测重发。发送方在发送数据的同时启动计数器,若在限定时间间隔内未收到接收方的反馈信息,即计数器超时,则认为该数据帧出错或丢失,需要重新发送。接收方检查接收到的数据帧在传输过程中是否发生差错,一旦发现差错,会通知发送方重新发送该数据帧。这要求接收方接收完数据帧后,向发送方反馈一个接收是否正确的信息,使发送方据此做出是否需要重新发送数据的决定。当且仅当收到正确反馈信号后,发送方才能认为该数据帧已经正确被发送,否则会重新发送,直到该数据帧被正确接收为止。

(3) 流量控制

流量控制的作用是控制相邻节点之间数据链路上的数据流量,使发送方发送数据的能力不大于接收方接收数据的能力,让接收方在接收之前有足够的缓存空间存储接收到的每一个数据帧。流量控制需要有一种信息反馈控制机制,使发送方能了解接收方是否具备足够的接收及处理能力。

滑动窗口协议是一种采用滑动窗口机制进行流量控制的方法。滑动窗口协议在提供流量控制机制的同时,还可以实现数据帧的序号确认和差错控制。滑动窗口协议所具有的这种将数据帧确认、差错控制和流量控制融为一体的良好特性使该协议广泛应用于数据链路层。

(4) 链路管理

链路管理主要被用于面向连接的服务。链路两端的节点在进行通信前,必须先确认对方是否已处于就绪状态,并交换一些必要的信息对数据帧的序号进行初始化。之后,通信双方才能建立连接。在传输过程中,通信双方要维持连接,如果出现差错,则需要重新进行初始化,并重新自动建立连接。当传输结束后,通信双方要释放连接。这种数据链路层连接的建立、维持和释放被称为链路管理。

(5) 寻址

在点到多点链路连接的情况下,数据链路层要保证每一个数据帧都能被传输给正确的接收方,因此数据链路层必须具备寻址的功能。

3.3.3 数据链路层的协议

数据链路层的协议主要有 HDLC、PPP、以太网、帧中继、ATM。

我们在本小节简要介绍 HDLC 和 PPP，在第 7 章将详细介绍 HDLC 和 PPP 在广域网中的应用。

数据链路层的协议基本可以分为两类：面向字符型协议、面向比特型协议。最早出现的数据链路层协议是面向字符型协议，其特点是利用已经定义好的一种编码（如 ASCII 码）的一个子集执行通信控制功能。面向字符型协议规定链路上以字符为发送单位，链路上传输的控制信息也必须由若干个指定的控制字符构成。面向字符型协议的缺点是采用停止等待的方式，因此这种方式会造成链路的利用率低、可靠性较差、不易扩展等问题。其中，停止等待是指每发送完一个分组就停止发送，等待对方的确认。面向比特型协议具有更大的灵活性和更高的效率，逐渐成为数据链路层的主要协议。

1. HDLC

HDLC 是一种面向比特型协议，支持全双工通信，采用位填充的成帧技术，以滑动窗口协议进行流量控制。计算机要准确处理各种字符，就需要进行字符编码，以便于识别和存储。HDLC 最大的特点是数据不必规定字符集，对任何比特流均可以实现透明传输。字符集是多个字符的集合，有较多种类。不同字符集包含的字符个数不同，常见字符集有 ASCII 字符集、Unicode 字符集等。

HDLC 在链路上传输信息采用连续发送方式，发送一个数据帧后，不用等待对方应答即可发送下一个数据帧，直到接收方发出请求，要求重发某一个数据帧时，才中断发送。

2. PPP

PPP 是一种点到点的数据链路层协议，主要用于全双工通信的同/异步链路上的点到点数据传输。PPP 有如下特点。

① 对于物理层而言，PPP 只支持点到点连接，不支持点到多点连接；只支持全双工通信，不支持单工与半双工通信；既支持同步链路又支持异步链路。

② PPP 提供链路控制协议（Link Control Protocol，LCP），用于数据链路层参数的协商。此外，PPP 还提供各种网络控制协议（Network Control Protocol，NCP），如网际协议控制协议（Internet Protocol Control Protocol，IPCP），用于网络层参数的协商，更好地支持网络层协议。

③ 提供挑战握手身份认证协议（Challenge Handshake Authentication Protocol，CHAP）、口令认证协议（Password Authentication Protocol，PAP），更好地保障网络的安全。

④ PPP 只具有数据帧的封装、传输、解封装与校验功能，不适用于帧序号的确认，不具有流量控制功能且无重传机制；但占用较少的网络资源，传输速度快。

⑤ 在 TCP/IP 中，TCP 已采取了一系列差错控制措施，这使得数据链路层的差错控制可适当简化。于是，PPP 只要求接收方进行 CRC。

⑥ PPP 具有良好的扩展性。当需要在以太网链路上部署 PPP 时，PPP 可以被扩展为基于以太网的点对点协议（Point-to-Point Protocol over Ethernet，PPPoE）。

习　题

一、选择题

1. 数据在传输过程出现差错的主要原因是（　　）。

A．突发性错误　　　B．计算性错误　　　C．CRC 错误　　　D．随机性错误

2. PPP 是哪一层的协议？（　　）

A．物理层　　　　　　　　　　　B．数据链路层

C．网络层　　　　　　　　　　　D．OSI 参考模型的高层

3. （　　）是从一个节点到与其相邻的节点的物理链路。

A．数据链路　　B．链路　　　C．虚电路　　　D．逻辑链路

4. 数据链路层的主要功能包括（　　）、（　　）、流量控制、链路管理、（　　）等。

A．帧同步　　　B．寻径　　　C．差错控制　　　D．寻址

5. 汉明码能纠正（　　）bit 错误。

A．1　　　　　B．2　　　　　C．3　　　　　　D．4

二、简答题

1. 简述差错产生的原因及产生在哪一层，采用哪种差错控制方法。

2. 差错的表现形式有失真、丢失和失序，请解释这 3 种形式的含义。

3. 已知生成多项式 $G(X) = X^4 + X^3 + 1$，求比特序列 1011001 的 CRC 冗余位及相应的码字。

4. 求比特序列为 1001000 的汉明码，并简要地写出编码过程。

5. 简要说明帧同步的方法。

第 4 章　网络层与 IP

本章在物理层和数据链路层的基础上，系统地对网络层的功能、互联网协议（Internet Protocol，IP）、子网划分进行介绍。

------------------------------本章教学目标------------------------------

【知识目标】
- 掌握网络层的功能。
- 了解 IP 地址的演进。
- 掌握 IP 地址和 MAC 地址的配置方法。
- 掌握子网划分方法。
- 了解 IPv6 地址的表示及特点。

【技能目标】
- 具备给网络设备配置 IP 地址的能力。
- 具备划分 IP 地址及计算 IP 地址和子网掩码的能力。

【素质目标】
- 培养独立思考和解决问题的能力。

4.1　网络层的功能

网络层是 OSI 参考模型的第三层，是通信网络的最高层。它的主要作用是实现通信网络内源节点和目标节点之间的网络链路的建立、维持和终止，并通过网络链路传输分组。网络层如何建立连接及传输分组，这对传输层来说是透明的。网络层的协议主要实现传输中涉及的路由选择、通信网络内的流量控制、传输差错处理等相关功能。可以说，网络层是网络体系结构的核心层。

1. 网络层提供的服务

网络层提供的服务有两种类型：面向连接的网络服务、面向无连接的网络服务。

（1）面向连接的网络服务

面向连接的网络服务和电话交换网的工作模式相似，这种工作模式的特点是：在数据交换之前，网络层必须先建立连接；当数据交换结束时，网络层终止连接。在数据传输过程中，网络层通过第一个分组携带的目的节点地址建立链路。网络层传输的其余分组不需要携带目的节点的地址，通过虚电路沿着建立好的通路进行传输，其中，这些分组均有虚电路号。

面向连接的网络服务的传输类似一个通信管道，发送者在通信管道的一端放入数据，接收者从通信管道的另一端取出数据。在这个过程中，数据传输的顺序不会改变。因此，面向连接的网络服务具有可靠性好、实时性高、适合传输大批量数据分组的特点，但存在协议相对复杂、链路利用率不高、通信效率较低等问题。典型的面向连接的网络服务是虚电路，采用虚电路服务的典型三层协议是 X.25 协议。

（2）面向无连接的网络服务

面向无连接的网络服务的传输与邮政服务系统中信件的投递方式相似，这种方式的特点是：各个分组独立传输，每个分组需要携带完整的目的节点地址；网络层不需要事先建立好连接。在数据传输过程中，分组可能会出现乱序、重复和丢失的情况，所以，面向无连接的网路服务的可靠性不好。但是，由于去除了建立网络连接和可靠性传输机制，因此，面向无连接的网络服务具有协议相对简单、链路利用率高、通信效率高、适合传输小批量数据分组等特点。典型的面向无连接的网络服务是数据报，采用数据报服务的典型三层协议是 IP。

2. 路由选择

路由选择是指根据一定的原则和算法，在传输路径上找出一条通往目的节点的最佳路径的过程。路由选择是网络层的主要功能，直接影响网络传输性能。路由选择协议的核心是路由选择算法，路由选择算法必须满足以下要求。

① 正确性：能够正确且迅速地将分组从源节点传输到目的节点。

② 简单性：实现方便，相应的软件开销少。

③ 稳健性：当出现硬件故障、负载过高或操作失误时，不会引起数据传输的失败。

④ 稳定性：算法应是可靠的，不管运行多久，都应该保持正确而不会引起网络振荡。

⑤ 公平性和最优化：不仅保证每个节点都有机会传输分组，而且保证所选择的路径是最优的。

4.2 IP 的发展与演变

IP 是 TCP/IP 模型的核心协议，规定网络层数据分组的格式。IP 的任务是为数据包的转发进行寻址和路由，将数据包转发到其他网络。IP 在每个数据包中加入控制信息，如源主机的 IP 地址、目的主机的 IP 地址、校验信息等。目前，IP 共有两个版本，分别是 IPv4 和 IPv6。互联网的高速发展证明了 IPv4 的成功，而 IPv4 也经受住了大量计算机联网的考验。

4.3 IPv4 地址

4.3.1 IP 地址、子网掩码及 MAC 地址

1. IP 地址

（1）IP 地址的结构

在互联网中，连接互联网的每一台主机需要有一个唯一的标识符，这个标识符就是 IP 地址。IP 地址是一种在互联网中给主机编址的方式，由 32 位的二进制数组成。为了提高 IP 地址的可读性，32 位的二进制数被分割为 4 段，每段有 8 位；段与段之间用点号隔开，每段的二进制数被转化成十进制数，这样，IP 地址被写成 a.b.c.d 的形式，其中，a、b、c 和 d 的取值范围为 0~255。这就是通常所说的点分十进制表示法，具体转化示例如下。

32 bit 二进制数：　　　10101100 00010000 01111010 11001100

分成 4 段：　　　　　　10101100.00010000.01111010.11001100

转换成十进制数：　　　　172.　　　16.　　　122.　　　204

（2）IP 地址的分类

为了便于寻址及层次化构造网络，IP 地址包括两个标识码，分别是网络号和主机

号。同一个物理网络上的所有主机使用同一个网络号,网络上的主机(如工作站、服务器、路由器等)均有一个对应的主机号。IP 地址被分为 5 类,以适合不同规模的网络。IP 地址的分类如图 4-1 所示。

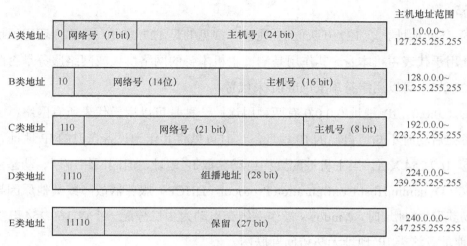

图 4-1 IP 地址的分类

(3)公有和私有 IP 地址

可以直接在互联网上使用的 IP 地址被称为公有 IP 地址。公有 IP 地址是全球唯一的,由网络信息中心(Network Information Center,NIC)负责分配。要使用公有 IP 地址,就必须向该机构注册和申请。在局域网中,有一类 IP 地址不需要注册和申请即可使用,那就是私有 IP 地址。私有 IP 地址可被任何组织机构随意使用,但只能被用于局域网内部主机之间的通信,不能用于访问互联网。A、B、C 这 3 类地址中各保留了一个地址段用于私有 IP 地址,具体如下。

① A 类地址:10.0.0.0~10.255.255.255。

② B 类地址:172.16.0.0~172.31.255.255。

③ C 类地址:192.168.0.0~192.168.255.255。

(4)特殊的 IP 地址

① 网络地址。网络位值不变、主机位值全为 0 的 IP 地址被称为网络地址。网络地址用于代表网络本身,且不能被分配给主机使用。例如,B 类地址 172.20.203.123 的网络位和主机位各有 16 bit,因而其网络地址为 172.20.0.0。我们常说的两个 IP 地址是否在同一个网段(网络),就是指这两个 IP 地址的网络地址是否相同。

② 广播地址。网络位值不变、主机位值全为 1 的 IP 地址被称为广播地址。广播地址用于代表某一个网络中的所有主机，也不能被分配给主机使用。例如，C 类地址 192.202.200.1 的网络位有 24 bit，主机位有 8 bit，因而其广播地址为 192.202.200.255。

③ 环回地址。以 127 开头的 IP 地址（常见的是 127.0.0.1）被称为环回地址。环回地址用于代表主机本身，其作用是测试主机本身的网络协议或网络服务是否配置正确。127.0.0.1 可以用字符串 localhost 来代替。

④ 0.0.0.0。IP 地址 0.0.0.0 有两种用途：一种是可以用于代表所有网络；另一种是设备在启动时不知道自己的 IP 地址，这时可以将其作为设备自己的 IP 地址。

⑤ 169.254.X.X。当主机被配置为自动获取 IP 地址，但因网络中断、动态主机配置协议（Dynamic Host Configuration Protocol，DHCP）服务器故障或其他原因导致无法自动获取 IP 地址时，Windows 操作系统会自动为主机分配一个以 169.254 开头的临时 IP 地址。这类 IP 地址无法访问互联网。

2．子网掩码

（1）子网掩码的定义

子网掩码的形式和 IP 地址一样，长度也是 32 bit。子网掩码由连续的二进制数 1 和连续的二进制数 0 组成，其作用是区分 IP 地址中的网络位和主机位。在子网掩码中，值为 1 表示 IP 地址对应的比特是网络位，值为 0 表示 IP 地址对应的比特是主机位，即子网掩码中有多少个 1，IP 地址中网络位就有多少比特；有多少个 0，IP 地址中主机位就有多少比特。反之亦然。

子网掩码不能单独存在，而是必须结合 IP 地址一起使用。子网掩码和 IP 地址按比特进行与运算，便可得到该 IP 地址所在网络的网络地址。

（2）子网掩码的表示方法

子网掩码有两种表示方法，一种是点分十进制表示法，另一种是斜线表示法。

① 点分十进制表示法。与 IP 地址一样，采用这种表示法的子网掩码由十进制数组成，如 255.255.255.192。

② 斜线表示法。采用这种表示法的子网掩码的格式为"/整数"，其中，整数表示子网掩码中二进制数 1 的个数。例如，子网掩码 255.255.255.192 可以写成/26。

理解了子网掩码的含义后，我们现在可以发现：A 类地址的网络位有 8 bit，默认的子网掩码为"/8"，即为 255.0.0.0；B 类地址的网络位有 16 bit，默认的子网掩码为

"/16", 即为 255.255.0.0; C 类地址的网络位有 24 bit, 默认的子网掩码为 "/24", 即为 255.255.255.0。

3. MAC 地址

如同每个人有一个身份证号一样,每一台网络设备也用物理地址来标识自己,这个物理地址就是 MAC 地址。IP 地址与 MAC 地址一一对应,它们在互联网中均是唯一的。MAC 地址的长度为 48 bit, 通常用十六进制表示。MAC 地址包含两部分:前 24 bit 是组织唯一标识符 (Organizationally Unique Identifier, OUI), 由 IEEE 统一分配给设备制造商; 后 24 bit 是由各厂商分配给每个产品的唯一序列号, 这些产品可以是网卡, 也可以是其他需要 MAC 地址的设备。例如, 华为网络设备的 OUI 是 0x00E0FC。

4. 数据帧的发送方式

(1) 单播

单播是指将数据帧从单个源端发送到单个目的端的发送方式。每个主机接口由一个 MAC 地址进行唯一标识。在 MAC 地址的 OUI 中,第一个字节的第 8 位(比特)表示地址类型,单播 MAC 地址的第 8 位(比特)的值为 0。对于主机 MAC 地址,这个位(比特)被固定为 0, 表示在传输过程中, 目的 MAC 地址为此 MAC 地址的数据帧都是发送到这个唯一的主机。

(2) 广播

广播是指将数据帧从单个源端发送到共享以太网上的其他所有主机端的发送方式。采用广播形式发送的数据帧被称为广播帧。广播帧的目的 MAC 地址为十六进制数 FF:FF:FF:FF:FF。所有接收到广播帧的主机都要处理该数据帧。

(3) 组播

组播可以被理解为选择性地进行广播。主机侦听特定的组播地址, 接收并处理目的 MAC 地址为该组播地址的数据帧。组播 MAC 地址的第 8 位(比特)的值为 1。

4.3.2 子网划分

1. 子网划分的含义

子网划分是将一个大的网络分割成多个小的网络, 其目的是提高 IP 地址的利用率, 节约使用 IP 地址。分割的具体方法是从 IP 地址的主机位中借用若干比特作为子网地址，这使得 IP 地址的结构变成了三部分，分别是网络位、子网位和主机位。划分子网后，网络位的长度增加，这意味着网络的个数会增加；主机位的长度减少，这意味着网络中主机的个数（可用的 IP 地址的数量）会减少。

2．子网规划

假设一个校园网要对一个 B 类地址（172.20.0.0）进行子网划分，考虑到校园网的子网数量不超过 254 个，因此我们需要借 8 bit 主机位作为子网地址，那么子网掩码的长度为 24 bit，即 255.255.255.0。按照该子网划分方案，校园网 IP 地址可以规划如下。

子网 1：172.20.1.1～172.20.1.254

子网 2：172.20.2.1～172.20.2.254

子网 3：172.20.3.1～172.20.3.254

⋮

子网 254：172.20.254.1～172.20.254.254

由于子网地址和主机 ID 不能使用全 0 值和全 1 值，因此该校园网只有 254 个子网，每个子网有 254 个有效 IP 地址。在子网划分过程中，我们通常需要考虑一个局域网内网络设备的实际数量，所以不能只追求子网数量，而是要满足网络设备数量的基本要求，并留有一定的余量。这时，我们可以使用可变长子网掩码（Variable Length Subnet Masking，VLSM）。

3．VLSM

（1）VLSM 的计算方法

VLSM 的计算方法如下。

① 根据划分的子网数目，确定子网地址至少需要向主机位借用的比特数。

② 确定实际划分的子网个数、每个子网的可用主机数（可用 IP 地址数）及子网掩码。

③ 确定每个子网的网络地址、广播地址及可用 IP 地址的范围。

（2）划分子网的过程

假设单位有一个 C 类地址 192.168.10.0/24，现有 4 个不同的部门需要使用该网段，每个部门约有 50 台网络设备。为了确保各部门不互相干扰，该单位要求每个部门使用不同的子网。请规划各部门可以使用的子网的网络地址、广播地址、子网掩码、可用 IP 地址的范围。该单位划分子网的过程如下。

① 确定网络位的长度。该单位要求将 C 类网络分成 4 个子网，因此，我们至少

需要向主机位借 2 bit 作为子网地址。

② 计算子网个数。向主机位借 2 bit 作为子网地址，这意味着有 4 种二进制数组合，分别是 00、01、10 和 11。

③ 计算网络地址。由上述 4 种二进制数组合可得以下网络地址。

第一组网络地址：11000000.10101000.00001010.00000000

第一组网络地址的十进制形式：192.168.10.0

第二组网络地址：11000000.10101000.00001010.01000000

第二组网络地址的十进制形式：192.168.10.64

第三组网络地址：11000000.10101000.00001010.10000000

第三组网络地址的十进制形式：192.168.10.128

第四组网络地址：11000000.10101000.00001010.11000000

第四组网络地址的十进制形式：192.168.10.192

④ 计算主机的 IP 地址。由于网络地址不能被用于主机 IP 地址，且每个网络地址的最后一个地址是广播地址，因此主机的 IP 地址可被分配如下。

第一组主机的 IP 地址：192.168.10.1～192.168.10.62

第一组主机的子网掩码：255.255.255.192

第二组主机的 IP 地址：192.168.10.65～192.168.10.126

第二组主机的子网掩码：255.255.255.192

第三组主机的 IP 地址：192.168.10.129～192.168.10.190

第三组主机的子网掩码：255.255.255.192

第四组主机的 IP 地址：192.168.10.193～192.168.10.254

第四组主机的子网掩码：255.255.255.192

在主机位没有被借之前，网络的子网掩码是 24 bit。主机位被借 2 bit 后，那么网络的子网掩码是 26 bit，其十进制数表示形式为 255.255.255.192。

若该单位有 3 个不同的部门需要使用该 C 类地址（192.168.10.0/24），一个部门约有 100 台网络设备，另外两个部门各约有 50 台网络设备，此时我们可以通过 VLSM 将第一组主机的 IP 地址和第二组主机的 IP 地址进行组合，便得到 3 个子网，具体如下。

第一组主机的 IP 地址：192.168.10.1～192.168.10.126

第一组主机的子网掩码：255.255.255.128

第二组主机的 IP 地址：192.168.10.129～192.168.10.190

第二组主机的子网掩码：255.255.255.192

第三组主机的 IP 地址：192.168.10.193～192.168.10.254

第三组主机的子网掩码：255.255.255.192

由此可见，可变长子网划分的关键是找到合适的子网掩码。

4.3.3 无类别域间路由选择

1．无类别域间路由选择简介

无类别域间路由选择（Classless Inter-Domain Routing，CIDR）是一种在互联网上创建附加地址的方法。这些附加地址被提供给 ISP，并由 ISP 分配给客户。CIDR 将路由集中起来，令一个 IP 地址代表骨干 ISP 所服务的几千个 IP 地址，从而减轻互联网路由器的负担。所有发送到这些地址的数据包都被发送到 ISP。

2．CIDR 的工作原理

CIDR 可以对 A 类、B 类和 C 类地址进行重新划分，其原理是使用灵活的前缀（类似于可变长子网掩码）取代原来 A 类、B 类和 C 类地址的固定结构（这 3 类地址的网络部分分别被限制为 8 位、16 位和 24 位），从而能更好地满足机构对地址的特殊需求。

CIDR 可以被看作子网划分的逆过程。子网在划分时需要从 IP 地址的主机位借位（比特），将所借的位（比特）作为网络位的一部分。而 CIDR 是将网络位中的某些比特作为主机位的一部分。这种无类别超级组网技术通过将一组较小的无类别网络地址汇聚为一个较大的单一路由表项，减少了互联网路由域中路由表条目的数量。CIDR 汇总路由条目如图 4-2 所示。

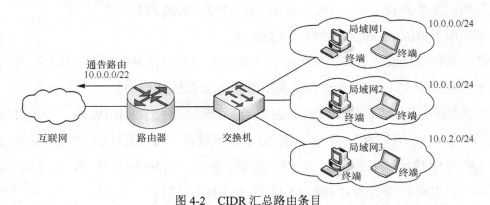

图 4-2　CIDR 汇总路由条目

如图 4-2 所示，一个企业分配到了一个 A 类网络地址 10.0.0.0/22，并准备把该 A

类地址分配给各个用户群,且目前已分配 3 个网段(局域网 1～局域网 3)给用户。如果没有采用 CIDR 技术,那么该企业路由器的路由表中会有 3 条下连网段的路由条目,并且会把它们通告给其他路由器。通过采用 CIDR 技术,该企业的路由器就能把这 3 条路由 10.0.0.0/24、10.0.1.0/24、10.0.2.0/24 汇聚成一条路由 10.0.0.0/22。这样,路由器在互联网上只需通告 10.0.0.0/22 这一条路由,因而大幅缩小了其路由表的规模。

4.4 IPv6 地址

4.4.1 IPv6 的特点

与 IPv4 相比,IPv6 具有以下特点。

① 巨大的地址空间。IPv6 地址的长度是 128 bit,理论上可提供的地址数目是 2^{128}(约 $3.4×10^{38}$)个。如今,智能手机、汽车、物联网设备等都需要获取 IP 地址,IPv6 让接入互联网的设备的数量不受限制地持续增长。

② 报文的效率更高。IPv6 使用新的数据报头,尽管这种数据报头更大,但是其格式比 IPv4 的数据报头简单,反而提升了报文的处理速度,同时还提高了数据在网络中的路由效率。

③ 良好的扩展性。在数据报头中,IPv6 在基本报头后添加了扩展报头,可以很方便地实现功能扩展。IPv4 数据头中的选项最多可以支持 40 B 的数据。

④ 路由选择效率更高。IPv6 充足的选址空间与网络前缀使大量连续的地址块可以被分配给网络服务提供商和其他组织,从而实现骨干路由器上路由条目的汇总,缩小路由表的规模,提高路由选择的效率。

⑤ 支持地址自动配置。在 IPv6 中,主机支持 IPv6 地址的自动配置。这种即插即用的地址自动配置方式不需要人工干预,不需要部署 DHCP 服务器,使网络的管理更加方便和快捷,显著降低网络维护成本。

⑥ 服务质量(Quality of Service,QoS)高。服务质量指一个网络针对不同的业务需求,利用各种技术,提供端到端的服务质量保证。

⑦ 更高的安全性。IPv6 采用安全扩展报头,支持 IPv6 的节点可以自动支持互联

网络层安全协议（Internet Protocol Security，IPsec），使加密、验证和虚拟专用网络（Virtual Private Network，VPN）的实施变得更加容易。这种嵌入式安全性配合 IPv6 的全球唯一性，使 IPv6 能够提供端到端的安全服务。

4.4.2 IPv6 的地址表示

IPv6 地址由 128 位的二进制数组成。如果直接用二进制数表示会不易于阅读，即使使用点分十进制表示法，IPv6 地址也仍然太长，不易使用和记忆。因此，在实际应用中，IPv6 地址使用冒号和十六进制数来表示，其格式为 X:X:X:X:X:X:X:X，其中，X 表示十六进制数。例如，IPv6 地址 0010000000000001:0000010000100000:0000000000000001:0000000000001100:0000000000000000:0111000011100001:1010000100000000:0000110001110001 可以用十六进制数表示为 2001:0420:0001:000C:0000:70E1:A080:0C71。

这种表示形式依然不易使用。为了进一步缩减长度，IPv6 允许将每一段中的前导 0 省去，但至少保证每段有一个数字，因此，上面的 IPv6 地址可以表示为 2001:420:1:C:0:70E1:A080:C71。

此外，IPv6 地址的前缀类似于 IPv4 中的网络号，其表示方法与 IPV4 中的 CIDR 表示方法一样，均用"地址/前缀长度"这种形式表示，比如 2001::1/64。

（1）压缩格式

为了便于书写和记忆，当一个或多个连续段的值全为 0 时，IPv6 地址可以用双冒号来表示，但一个 IPv6 地址只能使用一次。上面的 IPv6 地址压缩后可以表示为 2001:420:1:C::70E1:A080:C71。

（2）内嵌 IPv4 地址的 IPv6 地址

在 IPv4 向 IPv6 过渡的过程中，IPv4 地址和 IPv6 地址不可避免地会在很长一段时间内共存。为了让 IPv4 地址能够在 IPv6 网络中进行表示，IPv6 设计了内嵌 IPv4 地址的 IPv6 地址，其表示方法为 X:X:X:X:X:X:d.d.d.d，其中，d 表示 IPv4 地址中的十进制数。

内嵌 IPv4 地址的 IPv6 地址分为以下两种。

① IPv4 兼容的 IPv6 地址，例如，0:0:0:0:0:0:192.168.1.2 或者::192.168.1.2。

② IPv4 映射的 IPv6 地址，例如，0:0:0:0:0:FFFF:192.168.1.2 或者::FFFF:192.168.1.2。

习 题

一、选择题

1. 某公司申请到一个 C 类网络地址,因地理位置必须将该网络划分成 5 个子网,请问子网掩码应设置为(　　)。

   A. 255.255.255.224　　　　　　B. 255.255.255.192
   C. 255.255.255.254　　　　　　D. 255.285.255.240

2. IP 地址 127.0.0.1 是(　　)。

   A. 一个暂时未用的保留地址　　B. 一个属于 B 类地址的 IP 地址
   C. 一个表示本地全部节点的地址　D. 一个表示本节点的地址

3. 下面(　　)是合法的 IPv6 地址。

   A. 1080:0:0:0:8:800:200C:417K　B. 23F0::8:D00:316C:4A7F
   C. FF01::101::100F　　　　　　D. 0.0:0:0:0:0:0:1

4. 下列关于 IPv6 优点的描述中,准确的是(　　)。

   A. IPv6 支持光纤通信
   B. IPv6 支持通过卫星链路的互联网连接
   C. IPv6 具有 128 个地址空间,允许全局 IP 地址出现重复
   D. IPv6 解决了 IP 地址短缺的问题

5. 一个 A 类网络已经拥有 60 个子网,若还要添加两个子网,并且要求添加后的每个子网有尽可能多的主机,则子网掩码应指定为(　　)。

   A. 255.240.0.0　　B. 255.248.0.0　　C. 255.252.0.0　　D. 255.254.0.0

二、简答题

1. 网络层的功能是什么?
2. IPv4 地址被划成几种类型,每类的地址范围分别是多少?
3. B 类地址的子网位最少可以有几 bit,最多可以有几 bit? 为什么?
4. 一个 B 类网络地址为 135.41.0.0。该网络需要配置一个能容纳 32 000 台主机的子网,15 个能容纳 2 000 台主机的子网和 8 个能容纳 254 台主机的子网,请给出 VLSM 划分方案。
5. 简述 IPv4 与 IPv6 的区别。

第 5 章　局域网技术

自从 20 世纪 80 年代以来，局域网技术得到了飞速发展。局域网技术可以很方便地实现以下功能：共享存储、打印机等硬件设备；共享数据库信息；提供电子邮件服务。局域网具有结构简单和灵活部署的特点，因而广泛应用于数字化办公、企业管理等场景，以及交通、商业、教育等领域。在本章，我们将使用华为通用路由平台（Versatile Routing Platform，VRP）系统模拟局域网相关的实验。

------------------------------ 本章教学目标 ------------------------------

【知识目标】
- 了解虚拟局域网（Virtual Local Area Network，VLAN）的原理。
- 掌握 VLAN 间通信的方法。
- 掌握生成树的基本原理。
- 掌握链路聚合的基本概念。

【技能目标】
- 具备独立安装 VRP 系统的能力。
- 具备独立配置 VLAN 间通信的能力。

【素质目标】
- 拓宽思维，培养实践动手、处理和分析信息的能力。

5.1 VRP 系统

5.1.1 VRP 系统的简介与安装

1. VRP 系统的简介

VRP 系统是华为多年深耕通信领域的结晶，是华为所有基于互联网协议/异步传输方式（Internet Protocol/Asynchronous Transfer Mode，IP/ATM）构架的数据通信产品的操作平台。VRP 系统以协议栈为核心，能够实现数据链路层、网络层和应用层多种协议的部署。VRP 系统集成了路由技术、QoS 技术、VPN 技术、安全技术、IP 语音技术等数据通信技术，并基于 IP 转发引擎 TurboEngine，为网络设备提供出色的数据转发服务。

2. VRP 系统的安装

VRP 系统需要的安装包有 eNSP、WinPcap、Wireshark、VirtualBox 等。VRP 系统的安装步骤具体如下。

步骤 1 安装 eNSP。运行安装包 eNSP V1.3.00.100，具体安装过程如图 5-1～图 5-5 所示。

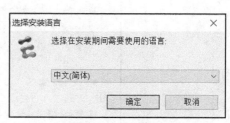

图 5-1 选择安装语言

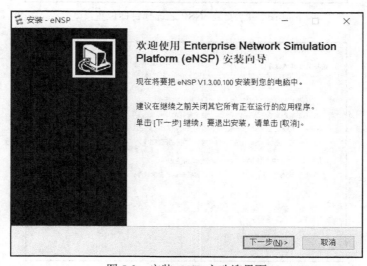

图 5-2 安装 eNSP 之欢迎界面

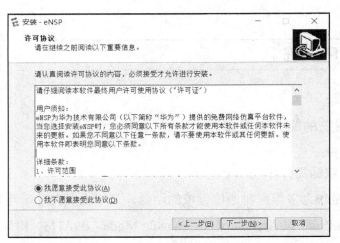

图 5-3 安装 eNSP 之许可协议

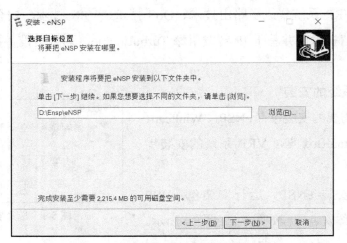

图 5-4 安装 eNSP 之选择目标位置

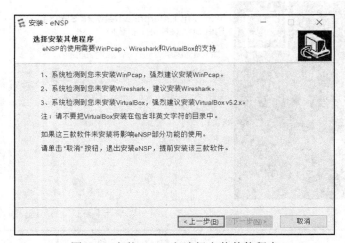

图 5-5 安装 eNSP 之选择安装其他程序

步骤 2 安装 WinPcap。运行 WinPcap 4.1.3 Setup 安装包，具体安装过程如图 5-6～图 5-8 所示。

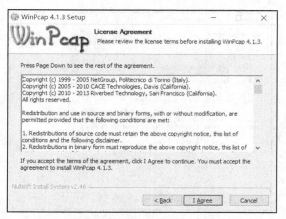

图 5-6　WinPcap 4.1.3 Setup 之 License Agreement（许可协议）

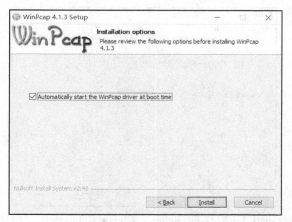

图 5-7　WinPcap 4.1.3 Setup 之 Installation Options（安装选项）

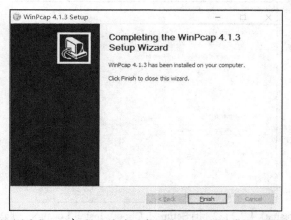

图 5-8　WinPcap 4.1.3 Setup 之 Completing the WinPcap 4.1.3 Setup Wizard（安装完成）

步骤 3 Wireshark。运行安装包 Wireshark 1.2.2 (32-bit)。具体安装过程如图 5-9～图 5-13 所示。

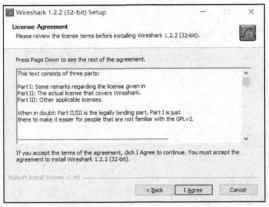

图 5-9　Wireshark 1.2.2 (32-bit) Setup 之 License Agreement（许可协议）

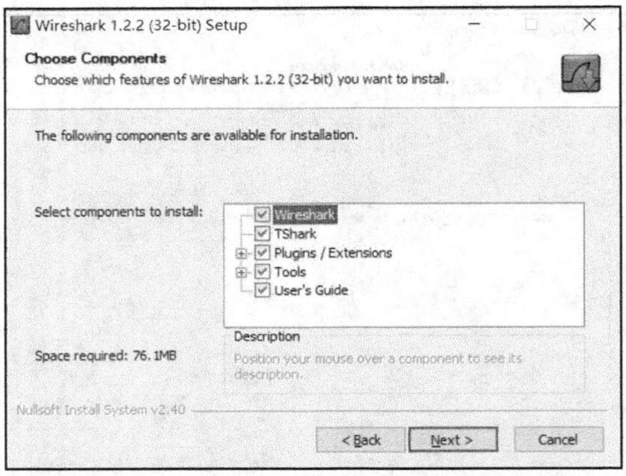

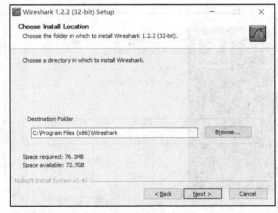

图 5-10　Wireshark 1.2.2 (32-bit) Setup 之 Choose Components（选择安装部件）

图 5-11　Wireshark 1.2.2 (32-bit) Setup 之 Choose Install Location（选择安装路径）

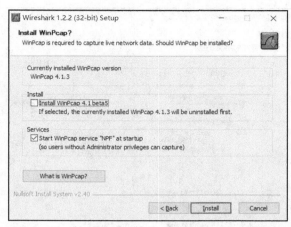

图 5-12　Wireshark 1.2.2 (32-bit) Setup 之 Install WinPcap?（选择是否安装 WinPcap）

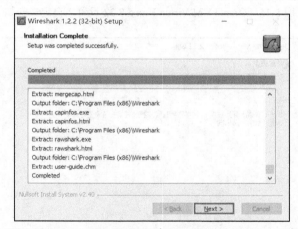

图 5-13　Wireshark 1.2.2 (32-bit) Setup 之 Installation Complete（完成安装）

步骤 4　安装 VirtualBox。运行安装包 Oracle VM VirtualBox 5.2.22，安装过程如图 5-14～图 5-16 所示。

图 5-14　Oracle VM VirtualBox 5.2.22 设置之欢迎界面

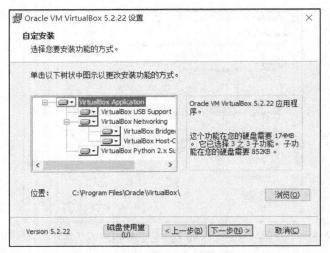

图 5-15　Oracle VM VirtualBox 5.2.22 设置之自定义安装

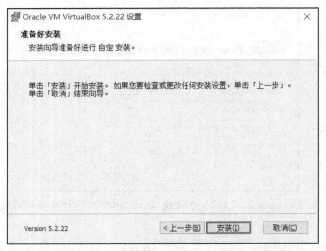

图 5-16　Oracle VM VirtualBox 5.2.22 设置之准备好安装

步骤 5　重复步骤 1，运行 eNSP 安装包，完成安装。

5.1.2　VRP 系统的配置命令

1. 命令的基本结构

用户可以通过命令行界面输入命令，实现对路由器、交换机、服务器等设备的配置和管理。命令的基本结构如下。

① 命令字：规定系统应该执行的功能。例如，display 可以查询设备状态，reboot 可以重启设备。命令字必须从规范的命令字集合中选取。

② 关键字：由特殊的字符构成，用于进一步约束命令，是对命令的拓展；也可用于表达命令构成逻辑而增设的补充字符串。

③ 参数列表：是对命令执行功能的进一步约束，包括一对或多对参数名和参数值。

VRP 系统中查看接口信息和重启设备的命令及其结构如图 5-17 所示。

（a）查看接口信息　　　　　　　（b）重启设备

图 5-17　VRP 系统中查看接口信息和重启设备的命令

每条命令有最多一个命令字、若干个关键字和参数，其中参数必须由参数名和参数值组成。

2．视图

在 VRP 系统中，不同的视图具有不同的命令。VRP 系统按功能可以分为以下几种视图。

（1）用户视图。用户可以在该视图下查看系统/设备运行状态和统计信息。

（2）系统视图。用户可以在该视图下配置系统参数。此外，用户还可以通过该视图进入其他视图。

（3）其他视图。用户可以在接口视图/协议视图进行接口参数/协议参数配置。

不同视图之间的切换命令如图 5-18 所示，各视图的配置示例如图 5-19 所示。

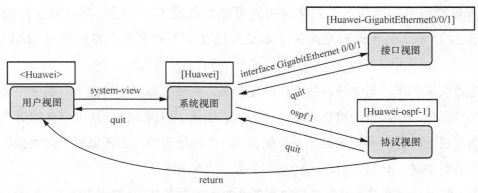

图 5-18　不同视图之间的切换命令

```
<Huawei>system-view                                    # 在用户视图中通过命令进入系统视图
[Huawei]interface GigabitEthernet 0/0/1                # 从系统视图进入接口视图
[Huawei-GigabitEthernet0/0/1]ip address 10.0.0.124     # 配置IP地址
[Huawei-GigabitEthernet0/0/1]quit                      # 退回到上一个视图
[Huawei]ospf 1                                         # 从系统视图进入OSPF协议视图
[Huawei-ospf-1]area 0                                  # 从OSPF协议视图进入OSPF区域视图
[Huawei-ospf-1-area-0.0.0.0]return                     # 返回用户视图
```

图 5-19　各视图的配置示例

3．基本配置命令

VRP 系统中常见的基本配置命令如图 5-20 所示。

```
<Huawei>system-view                                              # 在用户视图中通过命令进入系统视图
[Huawei]sysname XXX                                              # 配置设备名称
<Huawei> clock timezone time-zone-name{add | minus} offset       # 对本地时区信息进行设置
<Huawei> clock datetime[utc]HH:MM:SS YYYY-MM-DD                  # 设置设备当前或UTC日期和时间
[Huawei]user-interface vty 0 4
[Huawei-ui-vty0-4]set authentication password cipher information # 配置以Password方式登录设备
[Huawei]idle-timeout minutes[ seconds]                           # 设置用户界面断开连接的超时时间
<Huawei> display current-configuration                           # 查看当前运行的配置文件
<Huawei>save                                                     # 保存配置文件
<Huawei> display saved-configuration                             # 查看保存的配置
<Huawei> reset saved-configuration                               # 清除已保存的配置
<Huawei>reboot                                                   # 重启设备
```

注：UTC——Universal Time Coordinated，世界协调时。

图 5-20　基本配置命令

5.2　VLAN 原理

传统以太网存在一个问题。在交换网络中，当一台主机发送一个广播帧或未知单播帧时，该数据帧会在广播域内被泛洪，因此广播域越大，因泛洪而产生的垃圾流量就越多，网络出现安全问题的可能性就越大。二层广播域流量流向示意如图 5-21 所示（假设此时交换机 1 和交换机 2 上不存在关于目的端的 MAC 地址表项）。

上述问题的产生与交换机的工作原理有关。交换机具有学习能力。当一个数据帧进入交换机后，交换机会检查该帧的源 MAC 地址，将源 MAC 地址与该帧进入交换机的端口进行映射，并将映射关系存储在 MAC 地址表中。交换机对数据帧执行的转发操作共有 3 种，分别是泛洪、转发、丢弃，具体如下。

（1）泛洪。交换机把从某端口进来的数据帧通过除接收该帧的端口之外的其他所有端口转发出去。

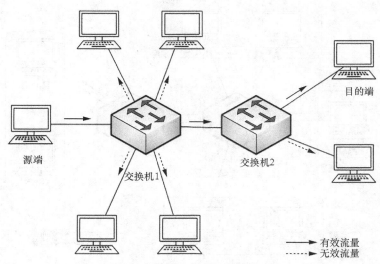

图 5-21 二层广播域流量流向示意

（2）转发。交换机把从某端口进来的数据帧通过除接收该帧的端口之外的另一个端口转发出去。

（3）丢弃。交换机把从某端口进来的数据帧直接丢弃。

交换机的基本工作原理可以概括为以下内容。

（1）如果进入交换机的是一个单播帧，则交换机会去 MAC 地址表中查找该帧的目的 MAC 地址。如果查不到目的 MAC 地址，则交换机执行泛洪操作。如果查到了目的 MAC 地址，则交换机比较目的 MAC 地址在 MAC 地址表中对应的端口是不是该帧进入交换机的端口，若不是则执行转发操作，若是则执行丢弃操作。

（2）如果进入交换机的是一个广播帧，则交换机不会去查 MAC 地址表，而是直接执行泛洪操作。

（3）如果进入交换机的是一个组播帧，则交换机的处理行为比较复杂。我们在这里不展开介绍，读者可以查阅相关资料了解具体内容。

为了解决二层广播域存在的问题，VLAN 被引入了，在交换机上将一个大的广播域在逻辑上划分成若干个较小的广播域，使垃圾流量的数量减少。VLAN 在节约网络资源的同时还可以提升网络的安全性。在图 5-21 所示网络的基础上，我们将该网络划分为 3 个 VLAN。这时，划分 VLAN 后广播域流量的流向示意如图 5-22 所示。

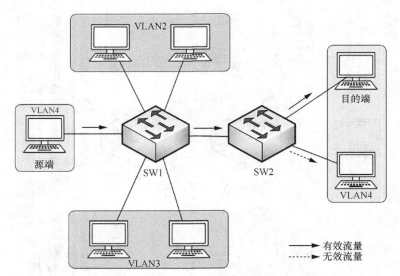

图 5-22 划分 VLAN 后广播域流量的流向示意

注：我们将划分前的 VLAN 默认为 VLAN1，故此处 VLAN 的序号从 2 开始。

5.2.1 VLAN 的作用

1. VLAN 的特点

一个 VLAN 就是一个广播域，不同 VLAN 的成员属于不同的广播域。相同 VLAN 的成员之间可直接通信，不同 VLAN 的成员之间的通信需要路由支持。

2. VLAN 的作用

（1）缩小广播域

在 VLAN 中，网络被逻辑地划分成若干个广播域。由 VLAN 成员发送的广播信息仅在 VLAN 内的成员之间传输，这样可以减少主干网的流量，使带宽得到更加有效的利用。

（2）增强网络管理

VLAN 可以将不同的用户划分到不同的工作组，同一工作组的用户也不必局限于某个固定的物理范围。VLAN 可以使网络的构建和维护更方便和灵活。

（3）提高网络的安全性

因为 VLAN 提供安全机制，所以不同 VLAN 在传输报文时是相互隔离的，即一个 VLAN 内的用户不能和其他 VLAN 内的用户直接通信。不仅如此，VLAN 还会限制用户的 MAC 地址，因而可以限制未经许可的用户对网络的使用。

5.2.2 VLAN 的划分

1. VLAN 的划分方法

VLAN 的划分方法有基于接口、MAC 地址、IP 子网、协议、策略这几种。目前，实际网络中应用最多的是基于接口的划分方法。

基于接口划分 VLAN 的原则如下。将 VLAN 标识（VLAN ID）配置到交换机的物理接口上，计算机发送的不带标签（Untagged）的数据帧进入交换机时，会被打上 VLAN Tag（标签）。VLAN Tag 中的 VLAN ID 就是收到数据帧的交换机接口所属的 VLAN。当计算机接入交换机的端口发生变化时，该计算机发送的数据帧的 VLAN Tag 可能会发生变化。

2. VLAN Tag

IEEE 802.1Q 标准规定，以太网数据帧中要加入 4 B 的 VLAN Tag，该标签被简称为 Tag。在图 5-23 中，交换机 SW1 识别出某个数据帧属于哪个 VLAN 后，会在该帧的特定位置上添加一个 Tag。这个 Tag 明确地标识了这个数据帧属于哪个 VLAN。交换机 SW2 在收到这个带标签的数据帧后，便能轻而易举地直接根据 Tag 信息识别出该帧属于哪个 VLAN。

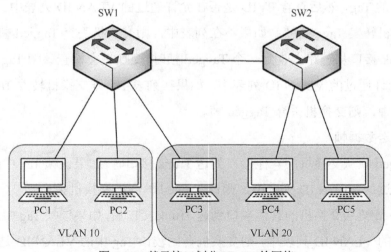

图 5-23 基于接口划分 VLAN 的网络

在图 5-23 所示的基于接口划分 VLAN 的网络中，交换机 SW1 连接的终端 PC1 和 PC2 被划分到 VLAN 10 中，PC3 被划分到 VLAN 20 中。交换机 SW2 连接的终端

PC4 和 PC5 被划分到 VLAN 20 中。此时，PC3 不能和 PC1 与 PC2 直接通信，而 PC1 和 PC2 之间能相互直接通信。

每个交换机的接口会配置一个端口 VLAN 标识（Port VLAN ID，PVID）。到达该端口的 Untagged 数据帧将会被交换机划分到 PVID 所标识的 VLAN 中。在默认情况下，PVID 的值为 1。

5.2.3　VLAN 的接口类型

VLAN 的接口有 3 种，分别是 Access 接口、Trunk 接口和 Hybrid 接口。

1．Access 接口

Access 接口仅允许 VLAN ID 与 PVID 相同的数据帧通过。

2．Trunk 接口

Trunk 接口仅允许 VLAN ID 在允许通过列表中的数据帧通过。

Trunk 接口可以允许多个 VLAN 的数据帧带 Tag（Tagged 帧）通过，但只允许一个 VLAN 的数据帧从该类接口上发送时不带 Tag（即剥除 Tag）。

（1）接收数据帧

当 Trunk 接口从链路上收到一个 Untagged 帧时，交换机会先在该帧中添加 VLAN ID 为 PVID 的 Tag，然后查看 PVID 是否在允许通过的 VLAN ID 列表中。如果在列表中，则交换机转发 Tagged 帧；如果不在列表中，则交换机丢弃 Tagged 帧。

当 Trunk 接口从链路上收到一个 Tagged 帧时，交换机会检查该帧 Tag 中的 VLAN ID 是否在允许通过的 VLAN ID 列表中。如果在列表中，则交换机转发 Tagged 帧；如果不在列表中，则交换机丢弃 Tagged 帧。

（2）发送数据帧

当 Tagged 帧从交换机的其他接口到达 Trunk 接口时，如果该帧 Tag 中的 VLAN ID 不在允许通过的 VLAN ID 列表中，则该 Tagged 帧会被交换机丢弃。

当 Tagged 帧从交换机的其他接口到达 Trunk 接口后，如果该帧 Tag 中的 VLAN ID 在允许通过的 VLAN ID 列表中，则交换机会比较该 Tag 中的 VLAN ID 是否与接口的 PVID 相同。如果相同，则交换机会对 Tagged 帧的 Tag 进行剥离，然后将得到的 Untagged 帧通过链路发送出去。如果不同，则交换机不会对 Tagged 帧的 Tag 进行剥离，而是直接将它从链路上发送出去。

3. Hybrid 接口

Hybrid 接口可以允许多个 VLAN 的数据帧带 Tag 通过，且允许交换机对经其发出的数据帧根据需要来配置是否带 Tag。

Hybrid 接口与 Trunk 接口最主要的区别是 Hybrid 接口能够支持多个 VLAN 的数据帧不带标签通过。

5.2.4 VLAN 配置示例

某企业的交换机连接了很多用户，且相同业务的用户通过不同的设备接入该网络。为了通信安全，企业希望业务相同的用户之间可以互相访问，业务不同的用户之间则不能直接互相访问。

要满足该企业的需求，我们可以在交换机上配置基于接口划分的 VLAN，把业务相同的用户所连接的接口划分到同一个 VLAN 中，从而实现属于不同 VLAN 的用户不能直接进行通信、属于相同 VLAN 的用户可以直接通信的目标。该企业网络的 VLAN 划分方案如图 5-24 所示。

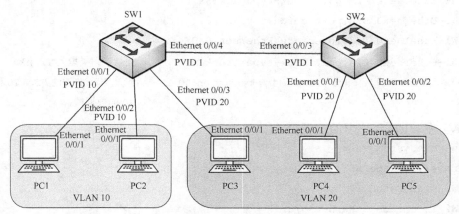

图 5-24 该企业网络的 VLAN 划分方案

该企业网络的 IP 地址及 VLAN 规划见表 5-1。

表 5-1 IP 地址及 VLAN 规划

设备接口	IP 地址	VLAN
PC1-Ethernet 0/0/1	192.168.10.1/24	10
PC2-Ethernet 0/0/1	192.168.10.2/24	10
PC3-Ethernet 0/0/1	192.168.20.3/24	20

（续表）

设备接口	IP 地址	VLAN
PC4-Ethernet 0/0/1	192.168.20.4/24	20
PC5-Ethernet 0/0/1	192.168.20.5/24	20

SW1 在 VRP 系统中的配置命令如下。

```
<Huawei>system-view                                      # 进入系统视图
[Huawei]sysname SW1                                      # 修改设备名为 SW1
[SW1]vlan 10                                             # 创建 VLAN 10
[SW1-vlan10]vlan 20                                      # 创建 VLAN 20
[SW1-vlan20]quit                                         # 退出，返回系统视图
[SW1]interface Ethernet 0/0/1                            # 进入 Ethernet0/0/1 接口
[SW1-Ethernet0/0/1]port link-type access                 # 设置接口类型为 Access 类型
[SW1-Ethernet0/0/1]port default vlan 10                  # 将接口规划在 VLAN 10 内
[SW1-Ethernet0/0/1]interface Ethernet 0/0/2
[SW1-Ethernet0/0/2]port link-type access
[SW1-Ethernet0/0/2]port default vlan 10
[SW1-Ethernet0/0/2]interface Ethernet 0/0/3
[SW1-Ethernet0/0/3]port link-type access
[SW1-Ethernet0/0/3]port default vlan 20
[SW1-Ethernet0/0/3]interface Ethernet 0/0/4
[SW1-Ethernet0/0/4]port link-type trunk                  # 设置接口类型为 Trunk
[SW1-Ethernet0/0/4]port trunk allow-pass vlan 10 20      # 设置接口允许通过VLAN 10和VLAN
                                                           20 的数据帧
```

SW2 在 VRP 系统中的配置命令如下。

```
<Huawei>system-view
[Huawei]sysname SW2
[SW2]vlan batch 10 20
[SW2]interface Ethernet 0/0/1
[SW2-Ethernet0/0/1]port link-type access
[SW2-Ethernet0/0/1]port default vlan 20
[SW2-Ethernet0/0/1]interface Ethernet 0/0/2
[SW2-Ethernet0/0/2]port link-type access
[SW2-Ethernet0/0/2]port default vlan 20
[SW2-Ethernet0/0/2]interface Ethernet 0/0/3
[SW2-Ethernet0/0/3]port link-type trunk
[SW2-Ethernet0/0/3]port trunk allow-pass vlan 10 20
```

我们使用命令 ping 查看 PC1 和 PC2 的连接情况，如图 5-25 所示。

```
PC>ping 192.168.10.2

Ping 192.168.10.2: 32 data bytes, Press Ctrl_C to break
From 192.168.10.2: bytes=32 seq=1 ttl=128 time=62 ms
From 192.168.10.2: bytes=32 seq=2 ttl=128 time=47 ms
From 192.168.10.2: bytes=32 seq=3 ttl=128 time=63 ms
From 192.168.10.2: bytes=32 seq=4 ttl=128 time=62 ms
From 192.168.10.2: bytes=32 seq=5 ttl=128 time=47 ms

--- 192.168.10.2 ping statistics ---
  5 packet(s) transmitted
  5 packet(s) received
  0.00% packet loss
  round-trip min/avg/max = 47/56/63 ms
```

图 5-25　查看 PC1 和 PC2 的连接情况

我们使用命令 ping 查看 PC1 和 PC3 的连接情况，如图 5-26 所示。

```
PC>ping 192.168.20.3

Ping 192.168.20.3: 32 data bytes, Press Ctrl_C to break
From 192.168.10.1: Destination host unreachable
```

图 5-26　查看 PC1 和 PC3 的连接情况

我们使用命令 ping 查看 PC3 和 PC4 的连接情况，如图 5-27 所示。

```
PC>ping 192.168.20.4

Ping 192.168.20.4: 32 data bytes, Press Ctrl_C to break
From 192.168.20.4: bytes=32 seq=1 ttl=128 time=78 ms
From 192.168.20.4: bytes=32 seq=2 ttl=128 time=78 ms
From 192.168.20.4: bytes=32 seq=3 ttl=128 time=62 ms
From 192.168.20.4: bytes=32 seq=4 ttl=128 time=63 ms
From 192.168.20.4: bytes=32 seq=5 ttl=128 time=78 ms

--- 192.168.20.4 ping statistics ---
  5 packet(s) transmitted
  5 packet(s) received
  0.00% packet loss
  round-trip min/avg/max = 62/71/78 ms
```

图 5-27　查看 PC3 和 PC4 的连接情况

我们使用命令 ping 查看 PC3 和 PC5 的连接情况，如图 5-28 所示。

```
PC>ping 192.168.20.5

Ping 192.168.20.5: 32 data bytes, Press Ctrl_C to break
From 192.168.20.5: bytes=32 seq=1 ttl=128 time=78 ms
From 192.168.20.5: bytes=32 seq=2 ttl=128 time=62 ms
From 192.168.20.5: bytes=32 seq=3 ttl=128 time=63 ms
From 192.168.20.5: bytes=32 seq=4 ttl=128 time=93 ms
From 192.168.20.5: bytes=32 seq=5 ttl=128 time=78 ms

--- 192.168.20.5 ping statistics ---
  5 packet(s) transmitted
  5 packet(s) received
  0.00% packet loss
  round-trip min/avg/max = 62/74/93 ms
```

图 5-28　查看 PC3 和 PC5 的连接情况

通过图 5-25～图 5-28 可以发现，同属于 VLAN 10 的 PC1 和 PC2 可以正常通信，PC1 虽然和 PC3 连接在同一台交换机上，但由于它们属于不同的 VLAN，故不能正常通信；同属于 VLAN 20 的 PC3 和 PC4、PC5 均可以正常通信。

5.3　VLAN 间通信

5.3.1　使用路由器实现 VLAN 间通信

1. 使用路由器的物理接口

VLAN 间通信可以通过路由器的物理接口进行不同 VLAN 之间的路由选择。使用路由器的物理接口是实现 VLAN 间通信最简单的方法，其配置示例如图 5-29 所示。但是，这种方法的缺点是在中大型网络中实现起来非常困难。

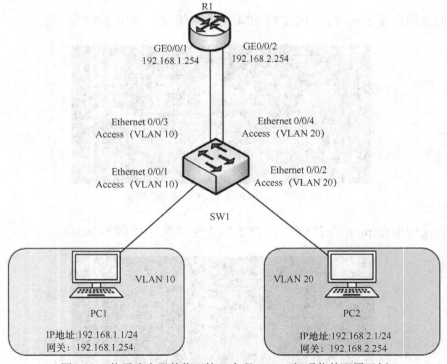

图 5-29　使用路由器的物理接口实现 VLAN 间通信的配置示例

图 5-29 所示网络的 IP 地址及 VLAN 规划见表 5-2。

表 5-2　IP 地址及 VLAN 规划（图 5-29 所示网络）

设备及接口	IP 地址及网管	VLAN
PC1	IP 地址：192.168.1.1/24 网关：192.168.1.254	10
PC2	IP 地址：192.168.2.1/24 网关：192.168.2.254	20
R1-GE 0/0/1	192.168.1.254/24	—
R1-GE 0/0/2	192.168.2.254/24	—

SW1 在 VRP 系统中的配置命令如下。

```
<Huawei>system-view
[Huawei]sysname SW1
[SW1]vlan 10
[SW1-vlan10]vlan 20
[SW1-vlan20]quit
[SW1]interface Ethernet0/0/1
[SW1-Ethernet0/0/1]port link-type access
[SW1-Ethernet0/0/1]port default vlan 10
[SW1-Ethernet0/0/1]interface Ethernet0/0/2
[SW1-Ethernet0/0/2]port link-type access
[SW1-Ethernet0/0/2]port default vlan 20
[SW1-Ethernet0/0/2]interface Ethernet0/0/3
[SW1-Ethernet0/0/3]port link-type access
[SW1-Ethernet0/0/3]port default vlan 10
[SW1-Ethernet0/0/3]interface Ethernet0/0/4
[SW1-Ethernet0/0/4]port link-type access
[SW1-Ethernet0/0/4]port default vlan 20
```

R1 在 VRP 系统中的配置命令如下。

```
<Huawei>system-view
[Huawei]sysname R1
[R1]interface GigabitEthernet 0/0/1
[R1-GigabitEthernet0/0/1]ip address 192.168.1.254 24
[R1-GigabitEthernet0/0/1]interface GigabitEthernet 0/0/2
[R1-GigabitEthernet0/0/2]ip address 192.168.2.254 24
```

我们使用命令 ping 查看图 5-29 所示网络中 PC1 和 PC2 的连接情况，如图 5-30 所示。

```
PC>ping 192.168.2.1

Ping 192.168.2.1: 32 data bytes, Press Ctrl_C to break
From 192.168.2.1: bytes=32 seq=1 ttl=127 time=78 ms
From 192.168.2.1: bytes=32 seq=2 ttl=127 time=78 ms
From 192.168.2.1: bytes=32 seq=3 ttl=127 time=78 ms
From 192.168.2.1: bytes=32 seq=4 ttl=127 time=78 ms
From 192.168.2.1: bytes=32 seq=5 ttl=127 time=79 ms

--- 192.168.2.1 ping statistics ---
 5 packet(s) transmitted
 5 packet(s) received
 0.00% packet loss
 round-trip min/avg/max = 78/78/79 ms
```

图 5-30　PC1 和 PC2 的连接情况（图 5-29 所示网络）

2．使用路由器的子接口

子接口是一种基于路由器以太网接口创建的逻辑接口，通过物理接口号与子接口号进行标识。子接口同物理接口一样，可进行三层转发。相比于物理接口，子接口不需要多条物理链路，在实际网络中的使用更加灵活。使用路由器的子接口实现 VLAN 间通信的配置示例如图 5-31 所示。

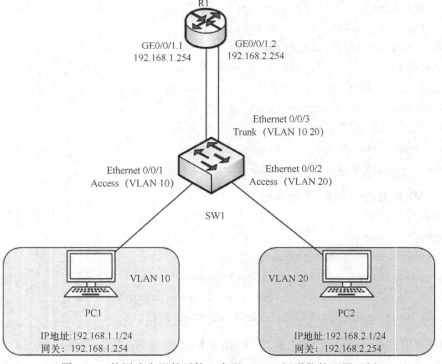

图 5-31　使用路由器的子接口实现 VLAN 间通信的配置示例

图 5-31 所示网络的 IP 地址及 VLAN 规划见表 5-3。

表 5-3　IP 地址及 VLAN 规划（图 5-31 所示网络）

设备及接口	IP 地址及网关	VLAN
PC1	IP 地址：192.168.1.1/24 网关：192.168.1.254	10
PC2	IP 地址：192.168.2.1/24 网关：192.168.2.254	20
R1-GE 0/0/1.1	192.168.1.254/24	—
R1-GE 0/0/1.2	192.168.2.254/24	—

SW1 在 VRP 系统中的配置命令如下。

```
<Huawei>system-view
[Huawei]sysname SW1
[SW1]vlan batch 10 20
[SW1]interface Ethernet0/0/1
[SW1-Ethernet0/0/1]port link-type access
[SW1-Ethernet0/0/1]port default vlan 10
[SW1-Ethernet0/0/1]interface Ethernet0/0/2
[SW1-Ethernet0/0/2]port link-type access
[SW1-Ethernet0/0/2]port default vlan 20
[SW1-Ethernet0/0/2]interface Ethernet0/0/3
[SW1-Ethernet0/0/3]port link-type trunk
[SW1-Ethernet0/0/3]port trunk allow-pass vlan 10 20
```

R1 在 VRP 系统中的配置命令如下。

```
<Huawei>system-view
[Huawei]sysname R1
[R1]interface GigabitEthernet 0/0/1.1
[R1-GigabitEthernet0/0/1.1]ip address 192.168.1.254 24
[R1-GigabitEthernet0/0/1.1]dot1q termination vid 10      # VLAN 终结
[R1-GigabitEthernet0/0/1.1]arp broadcast enable          # 开启子接口 ARP 广播功能
[R1-GigabitEthernet0/0/1.1]interface GigabitEthernet 0/0/1.2
[R1-GigabitEthernet0/0/1.2]ip address 192.168.2.254 24
[R1-GigabitEthernet0/0/1.2]dot1q termination vid 20      # VLAN 终结
[R1-GigabitEthernet0/0/1.2]arp broadcast enable          # 开启子接口 ARP 广播功能
```

我们使用命令 ping 查看图 5-31 所示网络中 PC1 和 PC2 的连接情况，如图 5-32 所示。

```
PC>ping 192.168.2.1
Ping 192.168.2.1: 32 data bytes, Press Ctrl_C to break
From 192.168.2.1: bytes=32 seq=1 ttl=127 time=94 ms
From 192.168.2.1: bytes=32 seq=2 ttl=127 time=78 ms
From 192.168.2.1: bytes=32 seq=3 ttl=127 time=78 ms
From 192.168.2.1: bytes=32 seq=4 ttl=127 time=94 ms
From 192.168.2.1: bytes=32 seq=5 ttl=127 time=78 ms

--- 192.168.2.1 ping statistics ---
 5 packet(s) transmitted
 5 packet(s) received
 0.00% packet loss
 round-trip min/avg/max = 78/84/94 ms
```

图 5-32　PC1 和 PC2 的连接情况（图 5-31 所示网络）

子接口与物理接口不同之处在于子接口不支持 VLAN 报文，当收到 VLAN 报文时，会将 VLAN 报文当成非法报文而丢弃。因此，使用路由器的子接口实现 VLAN 间通信时需要在子接口上将 Tag 剥掉，也就是需要 VLAN 终结（VLAN Termination），所使用的命令是 dot1q termination vid。此外，子接口不能转发广播报文，在收到广播报文后会直接把该报文丢弃，因此，使用路由器的子接口实现 VLAN 间通信时还需通过命令 arp broadcast enable 开启子接口的地址解析协议（Address Resolution Protocol，ARP）广播功能。

5.3.2　使用 VLANIF 技术实现 VLAN 间通信

要使用 VLANIF（一个逻辑端口）技术实现 VLAN 间通信，就要使用三层交换机。三层交换机除了具备二层交换机的功能外，还具备路由转发功能。VLANIF 接口是一种三层逻辑接口，支持 Tag 的剥离和添加，因此能够实现 VLAN 之间的通信。VLANIF 接口编号与 VLANIF 接口所对应的 VLAN ID 相同，例如，VLAN 10 对应的 VLANIF 接口编号为 VLANIF 10。使用 VLANIF 技术实现 VLAN 间通信的配置示例如图 5-33 所示。

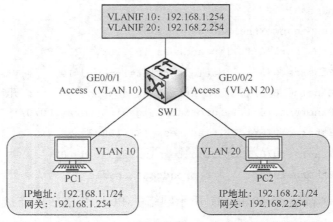

图 5-33　使用 VLANIF 技术实现 VLAN 间通信的配置示例

图 5-33 所示网络中的 IP 地址及 VLAN 规划见表 5-4。

表 5-4　IP 地址及 VLAN 规划（图 5-33 所示网络）

设备及接口	IP 地址及网关	VLAN
PC1	IP 地址：192.168.1.1/24 网关：192.168.1.254	10
PC2	IP 地址：192.168.2.1/24 网关：192.168.2.254	20
SW1-VLANIF10	192.168.1.254/24	—
SW1-VLANIF20	192.168.2.254/24	—

SW1 在 VRP 系统中的配置命令如下。

```
<Huawei>system-view
[Huawei]sysname SW1
[SW1]vlan batch 10 20
[SW1]interface Ethernet0/0/1
[SW1-Ethernet0/0/1]port link-type access
[SW1-Ethernet0/0/1]port default vlan 10
[SW1-Ethernet0/0/1]interface Ethernet0/0/2
[SW1-Ethernet0/0/2]port link-type access
[SW1-Ethernet0/0/2]port default vlan 20
[SW1-Ethernet0/0/2]quit
[SW1]interface Vlanif 10                    # 创建 VLANIF 接口
[SW1-Vlanif10]ip address 192.168.1.254 24
[SW1-Vlanif10] interface Vlanif 20          # 创建 VLANIF 接口
[SW1-Vlanif20]ip address 192.168.2.254 24
```

我们使用命令 ping 查看图 5-33 所示网络中 PC1 和 PC2 的连接情况，如图 5-34 所示。

```
PC>ping 192.168.2.1

Ping 192.168.2.1: 32 data bytes, Press Ctrl_C to break
From 192.168.2.1: bytes=32 seq=1 ttl=127 time=94 ms
From 192.168.2.1: bytes=32 seq=2 ttl=127 time=47 ms
From 192.168.2.1: bytes=32 seq=3 ttl=127 time=62 ms
From 192.168.2.1: bytes=32 seq=4 ttl=127 time=47 ms
From 192.168.2.1: bytes=32 seq=5 ttl=127 time=63 ms

--- 192.168.2.1 ping statistics ---
  5 packet(s) transmitted
  5 packet(s) received
  0.00% packet loss
  round-trip min/avg/max = 47/62/94 ms
```

图 5-34　PC1 和 PC2 的连接情况（图 5-33 所示网络）

5.4 生成树

随着局域网规模的不断扩大，越来越多的交换机被用来实现主机之间的互联。接入层交换机和汇聚层交换机只使用单条链路进行互联，则存在单链路故障的隐患，也就是说如果这条交换机上连链路发生故障，那么交换机下连用户就会断网。此外，图 5-35（a）中还存在一种单点故障，那就是交换机故障。也就是说，交换机如果发生故障，那么交换机下连链路的用户也会断网。

为了解决此类问题，交换机在互联时一般会使用冗余链路来实现备份。冗余链路虽然增强了网络的可靠性，但会产生图 5-35（b）所示的环路。而环路会带来一系列问题，继而导致通信质量下降和通信业务中断。

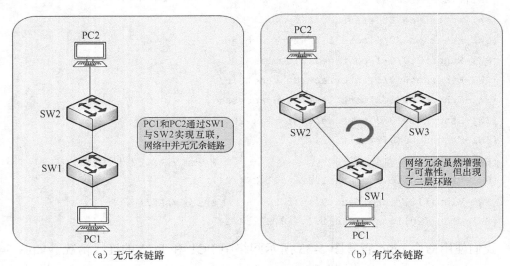

图 5-35　有无冗余链路示意

5.4.1　环路的危害

冗余链路虽然增强了网络的可靠性，但会产生环路。而环路会带来一系列问题，常见的有以下两个。

问题 1：广播风暴

根据交换机的转发原则，如果端口上接收到的是广播帧，或者是目的 MAC 地址未知的单播帧,则交换机会将该帧通过除接收端口之外的其他所有端口进行转发。如果交换网络中有环路,那么这个广播帧会被无限转发,这时便会形成广播风暴,即网络中充斥着重复的数据帧。广播风暴如图 5-36 所示。

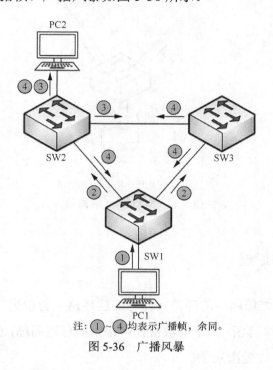

注:①~④均表示广播帧,余同。

图 5-36 广播风暴

在图 5-36 中,SW3 收到一个广播帧后将其进行泛洪;SW1 和 SW2 也收到该广播帧并转发到除了接收此帧外的其他所有端口;此时广播帧又会被 SW3 接收并泛洪。这种循环会一直持续,于是网络中产生了广播风暴。交换机的性能会因广播风暴急速下降,甚至导致通信业务中断。

问题 2:MAC 地址表漂移

交换机是根据所接收到的数据帧的源地址和接收方接口来生成 MAC 地址表项的。

在图 5-37 中,SW1 收到了 PC1 发送的一个未知单播帧,SW1 从与 PC1 连接的接口接收到该帧后进行学习且泛洪;SW2 从接口 Ethernet0/0/2 接收到 SW1 发出的广播帧后进行学习且泛洪,同时也从接口 Ethernet0/0/1 接收到 SW3 发出的广播帧后进行学习且泛洪。这时,MAC 地址 5488-99EE-111A 会不断地在接口 Ethernet0/0/2 与 Ethernet0/0/1 之间来回"切换",这种现象被称为 MAC 地址漂移现象。

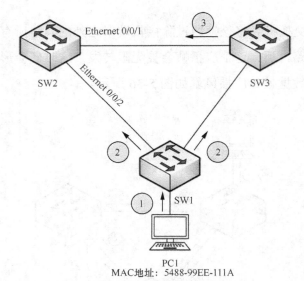

图 5-37　MAC 地址表漂移

5.4.2　STP 的工作原理

在交换网络中，二层网络的环路（简称二层环路）会带来广播风暴、MAC 地址表漂移、数据帧重复等问题。为了解决交换网络中的环路问题，生成树协议（Spanning Tree Protocol，STP）被提出来了。

STP 防止环路出现的示意如图 5-38 所示。在图 5-38 中，交换机全部运行 STP，因而可以判断出网络中存在环路的地方，并阻断冗余链路，将环路网络修剪成无环路的树形网络，从而避免了数据帧在网络中的广播和循环。交换机上运行的 STP 会持续监控网络，当网络拓扑发生变化时，能及时感知到这些变化，并自动做出调整。

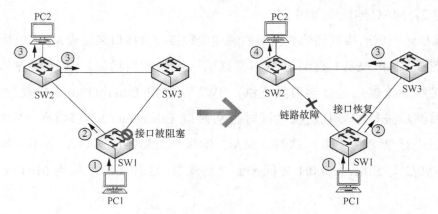

图 5-38　STP 防止环路出现示意

1. STP 的基本概念

（1）桥 ID

在 STP 中，交换机都有一个标识符，这个标识符叫作桥 ID。桥 ID 由 16 bit 的桥优先级和 48 bit 的 MAC 地址构成。在 STP 网络中，桥优先级是可以配置的，其取值范围是 0~65535，默认值为 32768，修改后的桥 ID 的值必须为 1024 的倍数。桥优先级最高的设备（值越小，优先级越高）会被选举为根桥。如果桥优先级相同，则根桥的选举会通过比较 MAC 地址来进行。MAC 地址越小的交换机越能优先被选举为根桥。

（2）端口开销

交换机的端口都有一个参数——端口开销，该参数表示端口在 STP 中的开销值。在默认情况下，端口的开销和端口的带宽有关，带宽越高，开销越小。

（3）根路径开销

从一个非根桥到达根桥的路径可能有多条，每一条路径有一个总开销值，此开销值是相应路径上所有接收网桥协议数据单元（Bridge Protocol Data Unit，BPDU）消息的端口（即 BPDU 的入方向端口）的开销总和，被称为路径开销。非根桥通过对比多条路径的路径开销，选出到达根桥的最短路径，这条最短路径的路径开销被称为根路径开销，并生成无环树状网络。根桥的根路径开销是 0。

（4）端口 ID

运行 STP 的交换机的每个端口有一个端口 ID。端口 ID 由端口优先级和端口号构成，其中，端口优先级的取值范围是 0~240，取值步长为 16，即端口优先级的值必须为 16 的整数倍。在默认情况下，端口优先级值为 128。端口 ID 可以用来确定端口角色。

（5）配置消息

BPDU 消息有两种类型：配置 BPDU 和拓扑变化通知（Topology Change Notification，TCN）BPDU。

配置 BPDU 消息包含桥 ID、路径开销、端口 ID 等参数。STP 通过在交换机之间传递配置 BPDU 消息来选举根交换机，以及确定交换机每个端口的角色和状态。在初始化过程中，每个桥都主动发送配置 BPDU 消息。在网络拓扑稳定以后，只有根桥主动发送配置 BPDU 消息，其他交换机只有在收到上游设备发送的配置 BPDU 消息后，才会发送自己的配置 BPDU 消息。

TCN BPDU 消息是指下游交换机在感知到网络拓扑发生变化时，向上游设备发送的拓扑变化通知。

2. STP 选举过程

STP 选举过程如图 5-39 所示，具体过程如下。

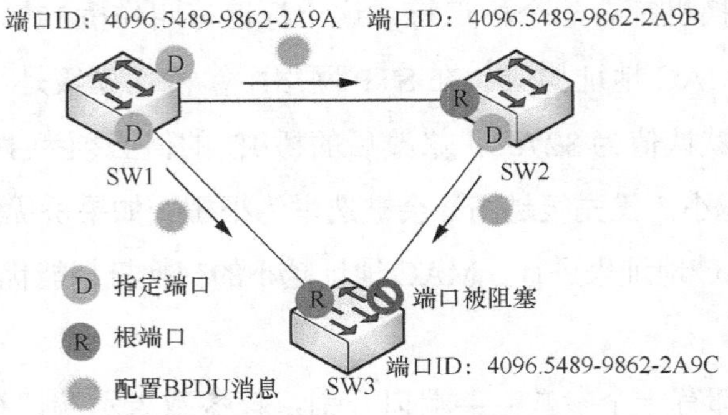

端口ID：4096.5489-9862-2A9A　　端口ID：4096.5489-9862-2A9B

SW1　　SW2

D 指定端口　　　　　　端口被阻塞
R 根端口
● 配置BPDU消息　　SW3
　　　　　　　端口ID：4096.5489-9862-2A9C

图 5-39　STP 选举过程

首先，在交换网络中选举一台根桥交换机。根桥是 STP 树的根节点，是整个交换网络的逻辑中心。

其次，在每台非根桥交换机上选举一个根端口。根端口作为该非根桥交换机与根桥交换机之间进行报文交互的端口。

再次，在每条链路上选举一个指定端口。当一条链路有两条及以上的路径通往根桥时（这是因为该链路连接了不同的交换机或同一台交换机的不同端口），与该链路相连的（可能不止一台）交换机必须确定出一个唯一的指定端口。

最后，非指定端口被阻塞。在确定了根端口和指定端口之后，交换机上剩余的其他所有非根端口和非指定端口被统称为预备端口，这些端口不能转发由终端产生并发送的数据帧。

5.4.3　MSTP 简介及配置

由于局域网内所有 VLAN 共享一棵生成树，因此 VLAN 间无法实现数据流量的负载均衡，且端口被阻塞的链路将不承载任何流量，从而造成部分 VLAN 的报文无法被转发。

多生成树协议（Multiple Spanning Tree Protocol，MSTP）把交换网络划分成多个域，每个域形成多棵生成树，这些生成树之间彼此独立。每棵生成树被称为多生成树实例（Multiple Spanning Tree Instance，MSTI）。所谓生成树实例就是多个 VLAN 的一个集合。MSTP 通过将多个 VLAN 捆绑到一个实例来节省通信开销和降低资源占用率。MSTP 配置如图 5-40 所示。

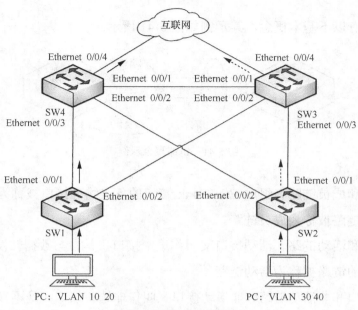

图 5-40　MSTP 配置

5.5　链路聚合

随着网络应用的日益深入，多种业务已离不开网络，因而网络中断很可能会导致大量业务无法得到正常处理，甚至造成重大经济损失。因此，作为承载业务主体的基础网络，其可靠性备受关注。

5.5.1　链路聚合的基本概念

聚合组指的是若干条链路被捆绑在一起后所形成的逻辑链路。每个聚合组对应唯一一个逻辑接口，该逻辑接口被称为链路聚合接口或 Eth-Trunk 接口。一个聚合组内要求成员接口关于以下参数的配置相同。

① 接口速率。

② 双工模式。

③ VLAN 配置。成员接口的接口类型都是 Trunk 或者 Access。如果成员接口为 Access 接口，那么这些接口的 default VLAN 需要保持一致；如果成员接口为 Trunk 接口，那么这些接口放行的 VLAN 和缺省 VLAN 需要保持一致。

链路聚合有以下基本概念，其示例如图 5-41 所示。

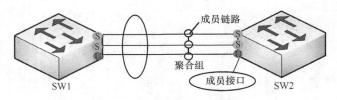

图 5-41　链路聚合示例

成员接口和成员链路。组成 Eth-Trunk 接口的各个物理接口被称为成员接口。成员接口对应的链路被称为成员链路。

活动接口和活动链路。活动接口又叫作选中接口，是参与数据转发的成员接口。活动接口对应的链路被称为活动链路。

非活动接口和非活动链路。非活动接口又叫作非选中接口，是不参与转发数据的成员接口。非活动接口对应的链路被称为非活动链路。

聚合模式。根据是否开启链路汇聚控制协议（Link Aggregation Control Protocol，LACP），链路聚合的模式可以分为手工模式和 LACP 模式。

5.5.2　链路聚合的作用

为了保证网络的可靠性，设备之间部署了多条物理线路。为了防止出现环路，STP 只使用一条链路来转发流量，而将其余链路作为备份链路。

当设备之间存在多条链路时，由于部署了 STP，网络中实际上只有一条链路能够转发流量，使设备间的链路带宽无法得到增加。以太网链路聚合通过将多个物理接口捆绑为一个逻辑接口，可以在不进行硬件升级的条件下，达到增加链路带宽的目的。此外，当某条活动链路出现故障时，其传输的流量可以被切换到其他可用的成员链路上，使链路聚合接口的可靠性得到提高。

5.5.3　链路聚合的模式

1．手工模式

在链路聚合手工模式中，Eth-Trunk 接口的建立、成员接口的加入均通过手动方式进行配置，而不使用 LACP 进行协商。链路聚合手工模式如图 5-42 所示。

第 5 章 局域网技术

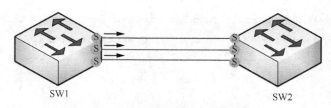

图 5-42 链路聚合手工模式

在正常情况下，所有链路是活动链路。而在手工模式下，所有活动链路会参与数据的转发，分摊流量。如果某条活动链路发生故障，聚合组自动在剩余的活动链路中平均分摊流量。

在手工模式下，若成员链路发生故障，则需要管理员进行人工确认。链路聚合手工模式的配置示例如图 5-43 所示。

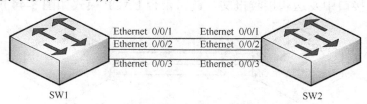

图 5-43 链路聚合手工模式的配置示例

SW1 在 VRP 系统中的配置命令如下。

```
[SW1]interface Eth-Trunk 1
[SW1-Eth-Trunk1]trunkport Ethernet 0/0/1      # 将接口加入 Eth-Trunk 接口
[SW1-Eth-Trunk1]trunkport Ethernet 0/0/2
[SW1-Eth-Trunk1]trunkport Ethernet 0/0/3
```

SW2 在 VRP 系统中的配置命令如下。

```
[SW2]interface Eth-Trunk 1
[SW2-Eth-Trunk1]quit
[SW2]interface Ethernet 0/0/1
[SW2-Ethernet0/0/1]eth-trunk 1                # 将接口加入 Eth-Trunk 接口
[SW2-Ethernet0/0/1]interface Ethernet 0/0/2
[SW2-Ethernet0/0/2]eth-trunk 1
[SW2-Ethernet0/0/2]interface Ethernet 0/0/3
[SW2-Ethernet0/0/3]eth-trunk 1
[SW2]display eth-trunk 1
```

得到的结果如下。

```
Eth-Trunk1's state information is:
WorkingMode: NORMAL         Hash arithmetic: According to SIP-XOR-DIP
```

```
Least Active-linknumber: 1    Max Bandwidth-affected-linknumber: 8
Operate status: up            Number Of Up Port In Trunk: 3
--------------------------------------------------------------------
PortName                      Status      Weight
Ethernet0/0/1                 Up          1
Ethernet0/0/2                 Up          1
Ethernet0/0/3                 Up          1
```

2. LACP 模式

LACP 模式支持配置最大活动接口数。当成员接口数目超过最大活动接口数时，网络会通过比较接口优先级和接口号来选举出较优的接口作为活动接口，其余接口则作为非活动接口（备份端口）。与之对应的链路分别为活动链路、非活动链路。交换机只会从活动接口中发送和接收报文。链路聚合 LACP 模式如图 5-44 所示。

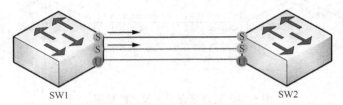

图 5-44　链路聚合 LACP 模式

当活动链路中出现链路故障时，网络可以从非活动链路中找出一条优先级最高的链路替换故障链路，确保网络的正常运行。

习　题

一、选择题

1. 下面关于 VLAN 的叙述中，错误的是（　　）。

A．VLAN 是由一些局域网网段构成的与物理位置无关的逻辑组

B．利用以太网交换机可以很方便地实现 VLAN

C．每一个 VLAN 的工作站可处在不同的局域网中

D．虚拟局域网是一种新型局域网

2. 在一个采用粗缆作为传输介质的以太网中，两个节点之间的距离超过 500 m，那么最简单的方法是选用（　　）来扩大局域网的覆盖范围。

A．中继器　　　　B．网桥　　　　C．路由器　　　　D．网关

3．在局域网的分层结构中，可被省略的层是（　　）。

A．物理层　　　　　　　　　　B．媒体访问控制层

C．逻辑链路控制层　　　　　　D．网络层

4．如果一个 Trunk 链路的 PVID 是 5，且端口下的配置命令为 port trunk allow-pass vlan 2 3，那么以下哪些 VLAN 的流量可以通过该 Trunk 链路进行传输？（　　）

A．VLAN 1　　　B．VLAN 2　　　C．VLAN 3　　　D．VLAN 5

5．交换机对数据帧的转发操作有哪几种？（　　）

A．泛洪　　　　B．转发　　　　C．丢弃　　　　D．广播

二、简答题

1．什么是 VLAN？VLAN 有什么优点？

2．交换机接口类型有几种？请说明各类接口的特点。

3．如果一个管理员希望将千兆以太口和百兆以太口加入同一个聚合组，那么网络中会出现什么情况？

4．阐述 STP 的选举过程。

5．使用路由器子接口进行 VLAN 间通信时，交换机连接路由器的接口需要哪些配置？

第 6 章 网络互联技术

典型的数据通信网络中往往存在多个不同的网段，数据在不同网段之间的交互需要借助三层设备。这些设备具备路由能力，能够实现数据的跨网段转发。路由是数据通信网络中的基本要素，路由信息是指导报文转发的路径信息，路由过程就是报文转发的过程。

---------- **本章教学目标** ----------

【知识目标】
- 掌握路由的转发流程。
- 掌握静态路由的配置方法。
- 掌握动态路由协议中的开放最短路径优先（Open Shortest Path First，OSPF）协议。
- 了解访问控制列表（Access Control List，ACL）。

【技能目标】
- 具备独立使用静态路由配置小型网络的能力。
- 能使用 OSPF 协议进行网络互联。
- 能配置 ACL，实现流量控制。

【素质目标】
- 培养配置网络的实践能力，提高发现并解决实际问题的能力。

6.1 IP 路由基础

在网络中，一个 IP 地址对应一个网络节点，每个 IP 地址都有自己所属的网段。

这些网段分布在不同的地方，共同组成了网络。网段之间的通信如图 6-1 所示。

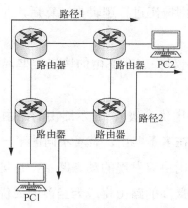

图 6-1　网段之间通信

为了实现不同网段之间的相互通信，网络设备需要能够转发来自不同网段的报文，并将它发送到不同的 IP 网段。

6.1.1　路由概述

路由是指导报文转发的路径信息。报文可以通过路由确认其转发路径。

路由设备是依据路由将报文转发到目的网段的网络设备。路由器是常见的路由设备。

路由设备维护着一张路由表。路由表由一条条详细的路由条目组成，保存路由信息，但是，这不代表路由表中保存了网络中的所有路由。路由表只会保存最优的路由。路由表中的信息如图 6-2 所示，具体如下。

```
[R1]display ip routing-table
Route Flags: R - relay, D - download to fib
------------------------------------------------------------
Routing Tables: Public
        Destinations : 12    Routes : 12

Destination/Mask      Proto   Pre  Cost  Flags  NextHop         Interface

       10.0.0.0/24    Direct   0    0      D    10.0.0.1        GigabitEthernet 0/0/2
       10.0.0.1/32    Direct   0    0      D    127.0.0.1       GigabitEthernet 0/0/2
     10.0.0.255/32    Direct   0    0      D    127.0.0.1       GigabitEthernet 0/0/2
       20.0.0.0/24    OSPF    10    2      D    10.0.0.2        GigabitEthernet 0/0/2
       127.0.0.0/8    Direct   0    0      D    127.0.0.1       InLoopBack0
      127.0.0.1/32    Direct   0    0      D    127.0.0.1       InLoopBack0
  127.255.255.255/32  Direct   0    0      D    127.0.0.1       InLoopBack0
    192.168.1.0/24    Direct   0    0      D    192.168.1.254   GigabitEthernet 0/0/1
  192.168.1.254/32    Direct   0    0      D    127.0.0.1       GigabitEthernet 0/0/1
  192.168.1.255/32    Direct   0    0      D    127.0.0.1       GigabitEthernet 0/0/1
    192.168.2.0/24    OSPF    10    3      D    10.0.0.2        GigabitEthernet 0/0/2
  255.255.255.255/32  Direct   0    0      D    127.0.0.1       InLoopBack0
```

图 6-2　路由表中的信息

① Destination/Mask（目的网络地址/掩码长度）：表示路由的目的网络地址与子网掩码。目的网络地址和子网掩码进行逻辑与运算后，便可得到目的主机或路由器所在网段的地址。

② Proto（Protocol，协议）：表示路由的协议类型，即路由器是通过什么协议获知该路由的。

③ Pre（Preference，路由优先级）：表示路由的路由协议优先级。对于同一个目的网络地址，网络中可能存在多条路由，有着不同的下一跳地址和出接口。这些不同的路由可能是通过不同的路由协议发现的动态路由，也可能是手动配置的静态路由。在这些路由中，路由优先级最高的路由将成为当前的最优路由。

④ Cost（开销）：表示路由开销。当到达同一目的端的多条路由具有相同的路由优先级时，路由开销最小的路由将成为当前的最优路由。

⑤ NextHop（下一跳地址）：表示对于路由器而言，到达路由指向目的网络的下一跳地址。该字段指明了数据转发的下一个设备。

⑥ Interface（出接口）：表示路由的出接口，指明数据将从路由器的哪个接口转发出去。

1. 路由条目优选原则

（1）最长掩码匹配原则

路由器在收到数据包时，会将数据包的目的 IP 地址与自己路由表中的所有路由表项进行逐比特比对，直到找到匹配度最大的条目，这种方式被称为最长掩码匹配原则。

在图 6-3 所示网络中，路由器 R1 匹配到 192.168.1.10 的路由有两条，其中，一条路由的掩码长度为 16，另一条路由的掩码长度为 24。由最长掩码匹配原则可知，终端 PC1 发往 192.168.1.10 的报文可以通过 R1—R3—192.168.1.0/24 这条路由进行转发。

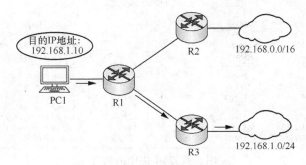

图 6-3　最长掩码匹配原则示意

（2）路由优先级

路由优先级选择过程如图 6-4 所示。在图 6-4 所示网络中，OSPF 协议和静态路由这两种方式均发现了从路由器 R1 到网络 192.168.1.0/24 的路由。此时，R1 会比较这两条路由的优先级，并选择优先级值最小的路由进行转发。由于 OSPF 协议发现的路由优先级值小，因此，PC1 发往 192.168.1.10 的报文通过 R1—R2—R3—192.168.1.0/24 这条路由进行转发。

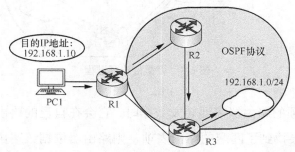

图 6-4　路由优先级选择过程

每一种路由协议都有相应的优先级，常见的路由协议优先级见表 6-1。

表 6-1　常见的路由协议优先级

路由来源	路由类型	默认优先级
直连	Direct	0
静态	Static	60
动态路由	OSPF	10

（3）度量值

度量值选择过程如图 6-5 所示。在图 6-5 中，路由器 R1 通过 OSPF 协议学习到两条目的网络为 192.168.1.0/24 的路由，这两条路由的掩码相同且协议优先级相同。因此，R1 还需要继续比较度量值（开销值）。两条路由拥有不同的度量值，其中，通过路由器 R3 学习到的 OSPF 协议的路由条目拥有更小的度量值，因此 R1—R3—192.168.1.0/24 这条路由被加入到路由表中。

2．路由转发流程

当从多种不同的途径获得到达同一个目的网段的路由（这些路由的目的 IP 地址及掩码均相同）时，路由器会选择路由优先级值最小的路由；如果这些路由是从相同的路由协议学习到的，则选择度量值最优的。总之，最优的路由会被路由器加入其路由表。

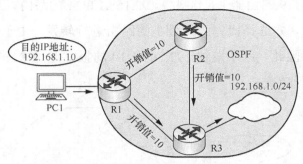

图 6-5　度量值选择过程

当有了路由表项的路由器需要转发数据时，它会在自己的路由表中查询数据包的目的 IP 地址。如果找到了匹配的路由表项，则路由器依据该路由器表项指示的下一跳地址和出接口转发数据包；如果没有找到匹配的路由表项，则路由器丢弃数据包。路由转发如图 6-6 所示。

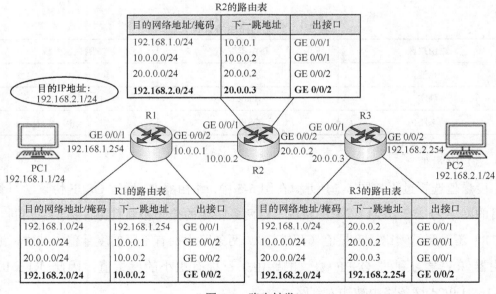

图 6-6　路由转发

路由器的行为是逐跳进行的。数据包从源端到目的端所经过的每台路由器必须具有关于目标网段的路由，否则就会出现丢包的情况。

6.1.2 静态路由及其配置

静态路由由管理员手动配置,具有配置方便、对系统要求低的特点,适用于网络拓扑简单且稳定的小型网络。静态路由的缺点是不能自动适应网络拓扑的变化,需要人工干预。

在创建静态路由时,管理员可以同时指定出接口和下一跳地址。静态路由的配置如图 6-7 所示,具体命令如下。

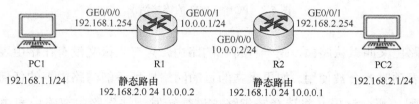

图 6-7 静态路由的配置

R1 在 VRP 系统中的配置命令如下。

```
[R1]interface GigabitEthernet 0/0/0
[R1-GigabitEthernet0/0/0]ip address 192.168.1.254 24
[R1-GigabitEthernet0/0/0]interface GigabitEthernet 0/0/1
[R1-GigabitEthernet0/0/1]ip address 10.0.0.1 24
```

R2 在 VRP 系统中的配置命令如下。

```
[R2]interface GigabitEthernet 0/0/0
[R2-GigabitEthernet0/0/0]ip address 10.0.0.2 24
[R2-GigabitEthernet0/0/0]interface GigabitEthernet 0/0/1
[R2-GigabitEthernet0/0/1]ip address 192.168.2.254 24
```

R1 上去往 PC2 静态路由的配置命令如下。

```
[R1]ip route-static 192.168.2.0 24 10.0.0.2    # 配置去往 PC2 的静态路由
```

R2 上去往 PC1 静态路由的配置命令如下。

```
[R2]ip route-static 192.168.1.0 24 10.0.0.1    # 配置去往 PC1 的静态路由
```

我们使用命令 ping 查看 PC1 和 PC2 的连接情况,如图 6-8 所示。

对于不同的出接口类型,管理员可以只指定出接口或只指定下一跳,具体如下。

① 对于点到点接口(串口),管理员可以指定出接口或下一跳地址。

② 对于广播接口(以太网接口)和虚拟接口,管理员必须指定下一跳地址。

在图 6-7 中,路由器 R1 与 R2 均配置了静态路由,实现了彼此之间的互联互通。

因为报文是被逐跳转发的,所以每一跳路由设备上需要配置到达相应目的网络地址的路由。

```
PC>ping 192.168.2.1

Ping 192.168.2.1: 32 data bytes, Press Ctrl_C to break
From 192.168.2.1: bytes=32 seq=1 ttl=126 time=16 ms
From 192.168.2.1: bytes=32 seq=2 ttl=126 time<1 ms
From 192.168.2.1: bytes=32 seq=3 ttl=126 time=16 ms
From 192.168.2.1: bytes=32 seq=4 ttl=126 time=15 ms
From 192.168.2.1: bytes=32 seq=5 ttl=126 time=16 ms

--- 192.168.2.1 ping statistics ---
  5 packet(s) transmitted
  5 packet(s) received
  0.00% packet loss
  round-trip min/avg/max = 0/12/16 ms
```

图 6-8　PC1 和 PC2 的连接情况

缺省路由又叫默认路由,是一种特殊的路由,只有当报文没有在路由表中找到匹配的路由表项时才会被使用。如果报文的目的网络地址不能与路由表的任何目的网络地址相匹配,那么该报文将选择缺省路由进行转发。缺省路由在路由表中的形式为 0.0.0.0/0,如图 6-9 所示。

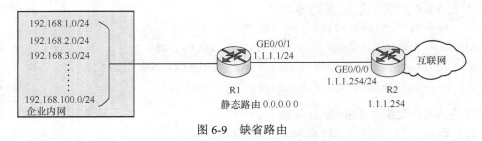

图 6-9　缺省路由

缺省路由一般被用于企业网络出口。缺省路由的配置让出口设备能够转发前往互联网上任意地址的 IP 报文。

6.1.3　动态路由协议

静态路由的缺点是不能自动适应网络拓扑的变化。当网络规模越来越大时,管理员的维护工作将变得越来越复杂,不能及时响应网络的变化。因此,管理员希望有一种方式,这种方式不再需要像静态路由一样,手动地对路由器上的路由表进行维护,而是由每台路由器自动适应网络拓扑的变化,自动维护路由信息。这种方式便是动态路由协议。

动态路由协议不仅能够自动适应网络拓扑的变化,还可以有效减少管理员的维护工作量，使管理员对网络的响应更及时。

动态路由协议的分类方式有以下几种。

（1）根据路由信息所传递的内容和计算路由的算法分类

① 距离矢量协议。常见的距离矢量协议有路由信息协议（Routing Information Protocol，RIP），运行距离矢量协议的路由器会周期性地泛洪自己的路由表。通过路由的交互，每台路由器从邻居路由器那里学习到路由，其中，邻居路由器的范围为 15 跳以内。对路由器而言，路由器并不清楚网络的结构，只是简单地知道去往目的端的方向在哪里，距离有多远。

② 链路状态协议。常见的链路状态协议有 OSPF 协议、中间系统到中间系统（Intermediate System to Intermediate System，IS-IS）协议。

链路状态协议通告的是链路状态而不是路由表。运行链路状态协议的路由器首先会建立一个协议的邻居关系，然后开始交互链路状态公告（Link State Announcement，LSA），其中，LSA 包含 IP 地址、子网掩码、网络类型等。每台路由器会产生 LSA，并将接收到的 LSA 放入自己的链路状态数据库（Link State DataBase，LSDB）。每台路由器基于 LSDB，使用最短路径优先（Shortest Path First，SPF）算法进行计算。每台路由器会计算出一棵以自己为根、无环且拥有最短路径的树。

（2）根据工作范围分类

① 内部网关协议。常见的内部网关协议有 RIP、OSPF、IS-IS 等。内部网关协议在自治系统内部运行。

② 外部网关协议。常见的外部网关协议有边界网关协议（Border Gateway Protocol，BGP）。外部网关协议在不同自治系统之间运行。

6.2　OSPF 基础

由于静态路由由管理员手工配置，因此当网络发生变化时，静态路由需要由管理员手动调整，这制约了静态路由在现实网络中的应用。

动态路由协议因其灵活性高、可靠性好、易于扩展等特点广泛应用于现实网络。在动态路由协议之中，OSPF 的使用场景非常广泛。OSPF 在 RFC2328 文档中的定义是一种基于链路状态算法的路由协议。

6.2.1 OSPF 的基本概念

OSPF 是链路状态协议,运行 OSPF 的路由器会将自己拥有的所有 LSA 发送给自己的所有邻居。这些邻居将收到的 LSA 放入 LSDB,并将自己所有的 LSA 发给自己的邻居。当网络规模达到一定程度时,LSA 将会形成一个庞大的 LSDB。由于需要维护的 LSA 过多,因此路由器会被消耗更多资源,受到巨大的计算压力,从而导致其性能受到影响。为了降低计算的复杂程度,减少对路由器资源的消耗,减轻路由器的计算压力,OSPF 采用的方式是分区域计算,其中,区域指的是设备在逻辑上被划分为不同的组。在这种方式中,每个组用区域号来标识,并且每个区域只负责自己区域的计算。

OSPF 定义了一个骨干区域,以及若干个常规区域。通常情况下,OSPF 要求所有的常规区域需要与骨干区域相连,这是因为常规区域之间无法交换 LSA,必须经过骨干区域才能交换 LSA。

6.2.2 OSPF 的配置示例

OSPF 的配置示例如图 6-10 所示。在图 6-10 中,有 3 台路由器 R1、R2 和 R3,其中,R1、R2、R3 分别连接网络 1.1.1.1/32、2.2.2.2/32 和 3.3.3.3/32(LoopBack0)。现需要使用 OSPF,实现这 3 个网络的互通,具体配置如下。

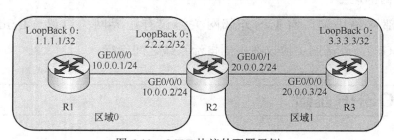

图 6-10 OSPF 协议的配置示例

R1 在 VRP 系统中的配置命令如下。

```
[R1]interface GigabitEthernet 0/0/0
[R1-GigabitEthernet0/0/0]ip address 10.0.0.1 24
[R1-GigabitEthernet0/0/0]interface loopback 0    # 创建 Loopback 接口
[R1-LoopBack0]ip address 1.1.1.1 32
```

R2 在 VRP 系统中的配置命令如下。

```
[R2]interface GigabitEthernet 0/0/0
[R2-GigabitEthernet0/0/0]ip address 10.0.0.2 24
[R2-GigabitEthernet0/0/0]interface GigabitEthernet 0/0/1
[R2-GigabitEthernet0/0/1]ip address 20.0.0.2 24
[R2-GigabitEthernet0/0/1]interface loopback 0        # 创建 Loopback 接口
[R2-LoopBack0]ip address 2.2.2.2 32
```

R3 在 VRP 系统中的配置命令如下。

```
[R3]interface GigabitEthernet 0/0/0
[R3-GigabitEthernet0/0/0]ip address 20.0.0.3 24
[R3-GigabitEthernet0/0/0]interface loopback 0        # 创建 Loopback 接口
[R3-LoopBack0]ip address 3.3.3.3 32
```

R1 上 OSPF 的配置命令如下。

```
[R1]ospf                                              # 进入 OSPF 协议视图
[R1-ospf-1]area 0                                     # 进入区域 0
[R1-ospf-1-area-0.0.0.0]network 10.0.0.0 0.0.0.255    # 宣告网络
[R1-ospf-1-area-0.0.0.0]network 1.1.1.1 0.0.0.0
```

R2 上 OSPF 的配置命令如下。

```
[R2]ospf
[R2-ospf-1]area 0
[R2-ospf-1-area-0.0.0.0]network 10.0.0.0 0.0.0.255    # 宣告网络
[R2-ospf-1-area-0.0.0.0]network 2.2.2.2 0.0.0.0
[R2-ospf-1-area-0.0.0.0]area 1                        # 进入区域 1
[R2-ospf-1-area-0.0.0.1]network 20.0.0.0 0.0.0.255
```

R3 上 OSPF 的配置命令如下。

```
[R3]ospf
[R3-ospf-1]area 1
[R3-ospf-1-area-0.0.0.1]network 20.0.0.0 0.0.0.255
[R3-ospf-1-area-0.0.0.1]network 3.3.3.3 0.0.0.0
```

查看 R2 的邻居信息，具体命令如下。

```
[R2]display ospf peer brief
    OSPF Process 1 with Router ID 10.0.0.2
        Peer Statistic Information
-----------------------------------------------------------------
Area Id         Interface               Neighbor id     State
0.0.0.0         GigabitEthernet0/0/0    10.0.0.1        Full
0.0.0.1         GigabitEthernet0/0/1    20.0.0.3        Full
-----------------------------------------------------------------
```

我们使用命令 ping 查看的连接情况，具体如下。

```
[R1]ping -a 1.1.1.1 2.2.2.2
  PING 2.2.2.2: 56   data bytes, press CTRL_C to break
    Reply from 2.2.2.2: bytes=56 Sequence=1 ttl=255 time=30 ms
    Reply from 2.2.2.2: bytes=56 Sequence=2 ttl=255 time=10 ms
    Reply from 2.2.2.2: bytes=56 Sequence=3 ttl=255 time=20 ms
    Reply from 2.2.2.2: bytes=56 Sequence=4 ttl=255 time=20 ms
    Reply from 2.2.2.2: bytes=56 Sequence=5 ttl=255 time=20 ms
  --- 2.2.2.2 ping statistics ---
    5 packet(s) transmitted
    5 packet(s) received
    0.00% packet loss
    round-trip min/avg/max = 10/20/30 ms
[R1]ping -a 1.1.1.1 3.3.3.3
  PING 3.3.3.3: 56   data bytes, press CTRL_C to break
    Reply from 3.3.3.3: bytes=56 Sequence=1 ttl=254 time=30 ms
    Reply from 3.3.3.3: bytes=56 Sequence=2 ttl=254 time=40 ms
    Reply from 3.3.3.3: bytes=56 Sequence=3 ttl=254 time=20 ms
    Reply from 3.3.3.3: bytes=56 Sequence=4 ttl=254 time=30 ms
    Reply from 3.3.3.3: bytes=56 Sequence=5 ttl=254 time=30 ms
  --- 3.3.3.3 ping statistics ---
    5 packet(s) transmitted
    5 packet(s) received
    0.00% packet loss
    round-trip min/avg/max = 20/30/40 ms
```

6.3　ACL

现代社会的生活离不开网络，而网络安全事件频发，这让网络的安全性显得格外重要。网络的安全措施除了使用防火墙之类的常用设备外，还可以使用 ACL 过滤网络中的流量。ACL 可以过滤网络中的流量，是访问控制的一种技术手段。

ACL 在本质上是一种报文过滤器，其过滤规则可以看作是过滤器的"滤芯"。设备基于这些规则进行报文匹配，过滤出特定的报文，并根据 ACL 业务模块的处理策略来允许或阻止这些报文通过。配置 ACL 后，网络不仅可以对流量进行限制，还可以对特定设备的访问进行限制，以及指定特定端口转发数据包。例如，管理员可以在企业内网中连接互联网的路由器上，设置禁止内网设备访问互联网的时间段，这在一定程度上可以保证网络的安全性。ACL 的结构如图 6-11 所示。

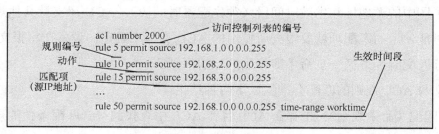

图 6-11　ACL 结构

1．ACL 编号

ACL 编号用于标识 ACL。除了 ACL 编号外，ACL 还可以使用名称来标识，这种使用名称标识的 ACL 被称为命名型 ACL。命名型 ACL 实际上采用的是名字加数字的命名形式，在定义名称的同时还可以指定 ACL 编号。

2．ACL 分类

ACL 目前主要有基本 ACL、高级 ACL 等类型，每种类型的 ACL 编号的取值范围不同。基本 ACL 可以使用报文的源 IP 地址、分片信息和生效时间段信息来匹配报文，其编号取值范围为 2000～2999。高级 ACL 可以使用报文的源/目的 IP 地址、IP 类型、ICMP 类型、TCP 源/目的端口、UDP 源/目的端口号、生效时间段等来匹配报文，其编号取值范围为 3000～3999。相比于基本 ACL，高级 ACL 可以定义更准确、更丰富、更灵活的匹配规则，所适用的场景更多。

3．规则

规则会出现在报文匹配条件的判断语句中，主要包含以下几项。

（1）规则编号

规则编号用于标识 ACL 规则，其取值范围为 0～4294967294。所有规则按照规则编号从小到大进行排序。规则编号可以自行配置，也可以由系统自动分配。当管理员手动指定一条 ACL 规则，但未指定规则编号时，系统会自动为该 ACL 规则分配编号。规则编号从 5 开始，相邻的规则编号之间会有一个差值，这个差值被称为步长（缺省时为 5）。由此可知，规则编号在步长缺省时为 5、10、15……

（2）动作

动作包括允许和拒绝这两种。ACL 一般与其他技术结合使用,因而在不同场景下,动作的含义也有所不同。

（3）匹配项

除了图中的源地址和生效时间段（须先配置时间段），ACL 还支持其他规则匹配项,此时能使用的匹配项就要根据所使用的 ACL 类型来确定。设备在将报文与 ACL 规则进行匹配时,遵循一旦命中即停止匹配的原则。

报文与 ACL 规则的匹配会产生以下两种结果。

① 匹配（命中规则）：指存在 ACL 且在 ACL 中查找到符合匹配条件的规则。匹配的动作——允许、拒绝都被称为匹配。

② 不匹配（未命中规则）：指不存在 ACL，或者 ACL 中无规则，或者在 ACL 中遍历所有规则后没有找到符合匹配条件的规则。

6.4 ACL 的配置示例

我们同样以图 6-10 所示网络来配置 ACL，在实现 1.1.1.1/32、2.2.2.2/32 和 3.3.3.3/32（LoopBack0）互访的基础上，让路由器 R1 的 LoopBack0 接口不能访问区域 1，路由器 R2 的 LoopBack0 接口只能在非工作日期间访问区域 1。

1.1.1.1/32、2.2.2.2/32 和 3.3.3.3/32（LoopBack0）互访配置命令请参照 OSPF 配置示例。

R1 上的配置命令如下。

```
[R1]ping -a 1.1.1.1 2.2.2.2
  PING 2.2.2.2: 56  data bytes, press CTRL_C to break
    Reply from 2.2.2.2: bytes=56 Sequence=1 ttl=255 time=30 ms
    Reply from 2.2.2.2: bytes=56 Sequence=2 ttl=255 time=10 ms
    Reply from 2.2.2.2: bytes=56 Sequence=3 ttl=255 time=20 ms
    Reply from 2.2.2.2: bytes=56 Sequence=4 ttl=255 time=20 ms
    Reply from 2.2.2.2: bytes=56 Sequence=5 ttl=255 time=20 ms

  --- 2.2.2.2 ping statistics ---
    5 packet(s) transmitted
    5 packet(s) received
```

```
    0.00% packet loss
    round-trip min/avg/max = 10/20/30 ms

[R1]ping -a 1.1.1.1 3.3.3.3
  PING 3.3.3.3: 56  data bytes, press CTRL_C to break
    Reply from 3.3.3.3: bytes=56 Sequence=1 ttl=254 time=30 ms
    Reply from 3.3.3.3: bytes=56 Sequence=2 ttl=254 time=40 ms
    Reply from 3.3.3.3: bytes=56 Sequence=3 ttl=254 time=20 ms
    Reply from 3.3.3.3: bytes=56 Sequence=4 ttl=254 time=30 ms
    Reply from 3.3.3.3: bytes=56 Sequence=5 ttl=254 time=30 ms

  --- 3.3.3.3 ping statistics ---
    5 packet(s) transmitted
    5 packet(s) received
    0.00% packet loss
    round-trip min/avg/max = 20/30/40 ms
```

R2 上的配置命令如下。

```
[R2]time-range workingday 00:00 to 23:59 working-day    # 创建时间范围
[R2]acl 3000                                            # 创建 ACL
[R2-acl-adv-3000]rule 5 deny ip source 1.1.1.1 0        # 设置匹配规则
[R2-acl-adv-3000]rule 10 deny ip source 2.2.2.2 0 time-range workingday
[R2-acl-adv-3000]rule 15 permit ip
[R2-acl-adv-3000]quit
[R2]interface GigabitEthernet 0/0/1                     # 进入接口
[R2-GigabitEthernet0/0/1]traffic-filter outbound acl 3000 # 出方向应用 ACL
```

我们使用命令 ping 查看 R1 的连接情况，具体如下。

```
[R1]ping -a 1.1.1.1 2.2.2.2
  PING 2.2.2.2: 56  data bytes, press CTRL_C to break
    Reply from 2.2.2.2: bytes=56 Sequence=1 ttl=255 time=30 ms
    Reply from 2.2.2.2: bytes=56 Sequence=2 ttl=255 time=30 ms
    Reply from 2.2.2.2: bytes=56 Sequence=3 ttl=255 time=20 ms
    Reply from 2.2.2.2: bytes=56 Sequence=4 ttl=255 time=20 ms
    Reply from 2.2.2.2: bytes=56 Sequence=5 ttl=255 time=20 ms

  --- 2.2.2.2 ping statistics ---
    5 packet(s) transmitted
    5 packet(s) received
    0.00% packet loss
```

```
      round-trip min/avg/max = 20/24/30 ms

[R1]ping -a 1.1.1.1 3.3.3.3
  PING 3.3.3.3: 56   data bytes, press CTRL_C to break
    Request time out
    Request time out
    Request time out
    Request time out
    Request time out

  --- 3.3.3.3 ping statistics ---
    5 packet(s) transmitted
    0 packet(s) received
    100.00% packet loss

[R1]ping 3.3.3.3
  PING 3.3.3.3: 56   data bytes, press CTRL_C to break
    Reply from 3.3.3.3: bytes=56 Sequence=1 ttl=254 time=30 ms
    Reply from 3.3.3.3: bytes=56 Sequence=2 ttl=254 time=30 ms
    Reply from 3.3.3.3: bytes=56 Sequence=3 ttl=254 time=30 ms
    Reply from 3.3.3.3: bytes=56 Sequence=4 ttl=254 time=30 ms
    Reply from 3.3.3.3: bytes=56 Sequence=5 ttl=254 time=40 ms

  --- 3.3.3.3 ping statistics ---
    5 packet(s) transmitted
    5 packet(s) received
    0.00% packet loss
round-trip min/avg/max = 30/32/40 ms
```

习 题

一、选择题

1. 在配置缺省路由时，目的网络地址是（　　）。

A. 0.0.0.0　　　　B. 255.255.255.255　　C. 127.0.0.0　　　　D. 169.254.0.0

2. 路由器维护着一张（　　），其由一条条详细的路由条目组成。

A. MAC 地址表　　B. ARP 表　　　　C. 路由表　　　　D. 接口信息表

3．对于广播接口，配置静态路由时必须指定（　　）。
A．出接口　　　　B．入接口　　　　C．下一跳地址　　D．逻辑接口
4．链路状态通告包含以下哪些信息？（　　）
A．IP 地址　　　　B．子网掩码　　　C．网络类型　　　D．开销
5．基本 ACL 编号的取值范围为（　　）。
A．2000～2999　　B．3000～3999　　C．4000～4999　　D．5000～5999

二、简答题

1．一条路由包含哪些内容？请阐述各项的含义。
2．请阐述静态路由和动态路由的优缺点。
3．请阐述 OSPF 划分区域的好处。
4．报文与 ACL 规则匹配后，会产生匹配和不匹配这两种结果，请阐述匹配的含义。
5．请阐述距离矢量协议和链路状态协议的区别。

第 7 章　广域网技术

本章将介绍广域网的连接方式及广域网使用的协议。

------- 本章教学目标 -------

【知识目标】
- 了解广域网的连接方式。
- 了解 HDLC 的基础内容。
- 掌握 PPP 的基本配置方法。

【技能目标】
- 能阐述 PPP 的工作过程。

【素质目标】
- 培养实践能力，具备团队意识。

7.1　广域网概述

广域网是一种把分布在一个城市、一个国家，甚至分布在不同国家的局域网连接起来的网络。广域网的地理跨度很大，因此广域网需要利用复杂的连接技术来实现网络之间的互联。

目前，广域网和城域网已不能明确地进行区分，或者说城域网的概念已经越来越模糊了，这是因为实际应用中已经很少有封闭在一个城市内的独立网络。广域网的通信子网主要使用分组交换技术，通过公用分组交换网、卫星通信网和无线分组交换网将分布在不同地方的局域网连接起来，达到数据传输的目的。互联网是世界上最大的广域网。

7.1.1 广域网的结构

广域网由通信子网与资源子网组成,其结构如图 7-1 所示。

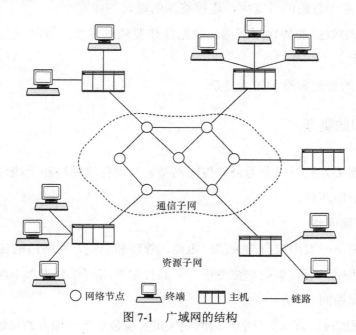

图 7-1 广域网的结构

广域网分为通信子网与资源子网两部分,主要由一些节点交换机和连接这些交换机的链路组成,节点交换机具有分组存储转发的功能。广域网的链路一般分为传输主干链路和末端用户链路。根据末端用户链路和广域网类型的不同,广域网有多种接入技术,并提供多种接口标准。

7.1.2 广域网的特点

广域网具有以下特点。
① 广域网主要提供面向通信的服务,支持用户使用计算机进行远距离的信息交换。
② 广域网的覆盖范围广,通信距离远。
③ 广域网由政府相关部门或相关公司负责组建、管理和维护,向全社会提供面向通信的无偿/有偿服务。

与覆盖范围较小的局域网相比,广域网有以下优势。
① 广域网可提供方圆数千千米甚至全球范围内的通信服务。

② 广域网没有固定的网络拓扑。
③ 广域网通常使用光纤作为传输介质。
④ 局域网可以作为终端,与广域网进行连接。
⑤ 广域网主干链路的带宽大,连接终端的链路的带宽小。
⑥ 广域网中数据的传输距离远,数据往往要经过多个广域网设备进行转发,因此传输时延较大。
⑦ 广域网的管理和维护较为复杂。

7.1.3 广域网的类型

广域网按连接方式可以分为公共传输网络、专用传输网络和无线传输网络,本小节我们主要介绍前两种。

1. 公共传输网络

公共传输网络一般由政府相关部门组建、管理和维护,网络内的传输和交换设备可以提供(或租用)给企事业单位使用。公共传输网络可以分为以下两类。

(1)电路交换网

电路交换网通过运营商提供的广域网交换机实现位于不同地方的局域网的连接,实现让用户设备接入网络。典型的电路交换网主要包括公共交换电话网和综合业务数字网。

(2)分组交换网

分组交换技术主要包括 X.25 分组交换网、帧中继和交换式多兆位数据服务。分组交换技术是一种为了能够更充分地利用物理线路而设计的广域网连接技术。当进行分组交换时,每个分组的前面会加上一个分组头,其中包含发送方和接收方的地址,然后由分组交换机根据每个分组的地址,将它们转发至目的端,这一过程被称为分组交换。分组交换有数据报交换和虚电路交换两种。

分组交换兼有电路交换和报文交换的优点,比电路交换的电路利用率高,比报文交换的传输时延小。此外分组交换还具有较好的交互性,常见的应用是光纤通信。

2. 专用传输网络

专用传输网络是由组织或团体自己建立、使用、控制和维护的网络。专用传输网络拥有自己的通信和交换设备,可以独自建立网络链路,也可以租用公用网络或其他专用网络。

在专用传输网络的连接方式中，运营商利用其通信网络的传输设备和链路，为用户配置一条专用的通信链路。这条专用的通信链路被称为专线，所传输的信号既可以是数字的，也可以是模拟的。专用传输网络的结构和连接方式如图 7-2 所示。用户通过自身设备的串口（短距离地）连接到接入设备（客户路由器），再通过接入设备跨越一定距离连接到运营商通信网络。这条链路只有该用户才可以使用。

图 7-2 专用传输网络的结构和连接方式

常见的专用传输网络是数字数据网。数字数据网可以在两个端点之间建立一条永久的、专用的数字通道。这种专线方式有以下几个特点。

① 用户独占一条永久的、点对点的专用线路。
② 线路的传输带宽是固定的，由用户向运营商租用，并由用户独享。
③ 部署简单，通信可靠，传输时延小。
④ 资源利用率低，租金昂贵。
⑤ 所采用的点对点结构不够灵活。

7.2　HDLC 原理

HDLC 是一种由国际标准化组织推出的面向比特的数据链路层协议，用于实现远程用户间的资源共享及信息交互。在通信领域中，HDLC 支持半双工、全双工等通信方式，支持点对点和点到多点结构，支持交换型和非交换型信道。HDLC 可以保证传输到下一层的数据能够准确地被接收，也就是差错释放中没有任何损失，并且序列正确。HDLC 还有一个重要功能，那就是流量控制，即接收端一旦收到数据，便能立即进行传输。

7.2.1　HDLC 简介及特点

HDLC 是一种高效的数据链路层协议。一般情况下，HDLC 的通信协议 IP 核包括 3 个部分，分别是外部接口、数据发送和数据接收。在这类面向比特的数据链路层协议中，帧头和帧尾都是特定的二进制序列，通过控制字段来实现对链路的监控，并采用多种编码方式实现高效、可靠的透明传输。HDLC 最大的特点是不要求数据必须是规定字符集，可以实现任何一种比特流的透明传输。

1974 年，IBM 公司率先提出了面向比特的传输控制协议——同步数据链路控制（Synchronous Data Link Control，SDLC）。随后，美国国家标准学会（American National Standards Institute，ANSI）和 ISO 均采纳并发展了 SDLC，并分别提出了自己的标准：ANSI 提出了高级数据通信控制规程（Advanced Data Communications Control Procedure，ADCCP），ISO 提出了 HDLC。

从此，HDLC 得到人们的广泛关注，并应用于通信领域的各个方面。作为面向比特的数据链路层协议的典型，HDLC 具有如下特点。

① 不依赖任何一种字符编码集。

② 数据报文可进行透明传输。零比特填充法被用来实现透明传输，且易于硬件实现。

③ 支持全双工通信，即不必等待确认便可连续发送数据，具有较高的数据链路传输效率。

④ 所有帧采用 CRC 校验对数据帧进行编号，可防止漏收或重收，使传输的可靠性较高。

⑤ 传输控制功能与处理功能分离，具有较大灵活性和较完善的控制功能。

7.2.2 HDLC 的基本配置

HDLC 定义了 3 种类型的站、2 种链路配置和 3 种数据传输方式。

（1）3 种类型的站

① 主站：主站发出的数据帧叫作命令帧，负责对链路进行控制。

② 从站：从站发出的数据帧叫作响应帧，在主站的控制下进行操作。

③ 复合站：复合站既有主站的功能，也有从站的功能；既可以发送命令帧，也可以发送响应帧。

（2）2 种链路配置

① 非平衡配置：既可用于点对点链路，也可用于点到多点链路。这种链路由一

个主站和多个从站组成，可以支持全双工或半双工通信。

② 平衡配置：只能用于点对点链路。这种配置由两个复合站组成，同样支持全双工或半双工通信。

（3）3 种数据传输方式

① 正常响应方式：这种方式适合不平衡配置。在这种方式中，主站启动数据传输，从站只有收到命令后才能发送数据。

② 异步平衡方式：这种方式适合通信双方都是复合站的平衡配置。在这种方式中，任何一方都可以启动数据传输。

③ 异步响应方式：这种方式适合不平衡配置。在这种方式中，从站在收到主站命令之前，就可以启动数据传输服务。

7.2.3 HDLC 帧结构

HDLC 定义了图 7-3 所示的帧结构。

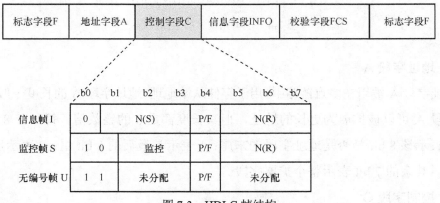

图 7-3　HDLC 帧结构

由图 7-3 可知，HDLC 帧是由 6 个字段组成的，帧的两端都是标志字段 F，传输的数据被包含在信息字段 INFO 中。下面对 HDLC 帧结构进行详细介绍。

1. 标志字段 F

HDLC 采用固定的标志字段 01111110 作为帧的边界，接收方在检测到标志字段 F 时就开始接收 HDLC 帧。在接收的过程中，接收方如果发现标志字段 F，那么会认为该帧结束传输了。被传输的数据可能会因含有和标志字段 F 相同的字段被接收端误以为数据传输结束，为了防止这种情况的发生，HDLC 引入了位填充技术。在发送的数据比特序列中，发送方一旦发现 0 后面有连续的 5 个 1，就在第 7 位（比特）插入一个 0。接收方要进行相反的操作，如果发现接收的数据比特序列中 0 的后面有连续的 5 个 1，则检查第 7 位（比特）。如果第 7 位（比特）的值是 0，则接收方将 0 删除；如果第 7 位（比特）的值是 1 且第 8 位（比特）的值是 0，则接收方认为是标志字段 F，这样就保证了传输的数据中不会有和标志字段 F 相同的字段。位填充技术的工作过程如图 7-4 所示。

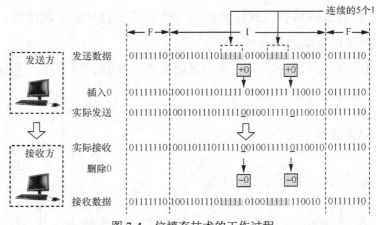

图 7-4　位填充技术的工作过程

2．地址字段 A

地址字段 A 被用在多点链路中，用于存储从站地址。地址字段 A 的长度一般是 8 bit。地址字段 A 可以被扩展为更长的地址，但其长度都是 8 的整数倍。每一个 8 bit 组的最低位表示该 8 bit 是否是地址字段的末尾：1 表示是最后的 8 bit 组；0 表示后面还有地址组，其余的 7 bit 表示整个扩展字段。

3．控制字段 C

HDLC 定义了 3 种不同的帧，分别是信息帧 I、管理帧 S 和无编号帧 U。这 3 种不同的帧可以根据控制字段 C 进行区分。信息帧 I 不仅用于传输数据，而且捎带传输流量控制和差错控制的应答信号。管理帧 S 在不使用捎带机制的情况下管理控制帧的传输过程。无编号帧 U 具有各种链路的控制功能。控制字段 C 使用前一位（比特）或前两位（比特）来区别不同格式的帧。基本控制字段 C 的长度是 8 bit，扩展控制字段 C 的长度是 16 bit。这 3 种帧的信息如下。

① 信息帧 I。信息帧 I 包含用户数据、该帧的编号和捎带的应答信号。信息帧 I 包含 P/F 位，其中，主站发出的命令帧是 P 位，表示询问（Polling）；从站发出的响应

帧是 F 位，表示终止（Final）。

在正常响应方式下，主站发出的命令帧将 P/F 位置为 1，表示该帧是询问帧，允许从站发送数据；从站响应主站的询问，可以发送多个响应帧，并只将最后一个响应帧的 P/F 位置为 1，以表示数据发送完毕。在异步响应方式和异步平衡方式中，P/F 位用于控制管理帧 S 和无编号帧 U 的交换过程。

② 管理帧 S。管理帧 S 负责流量控制和差错控制。管理帧 S 有 4 种，分别是接收就绪、接收未就绪、拒绝接收和选择性拒绝接收。

③ 无编号帧 U。无编号帧 U 用于链路控制，按控制功能可以分为以下几类。

- 设置数据传输方式的命令帧和响应帧。
- 传输信息的命令帧和响应帧。
- 链路恢复的命令帧和响应帧。
- 其他的命令帧和响应帧。

4．信息字段 INFO

信息帧 I 和一部分无编号帧 U 含有信息字段 INFO，这个字段可以包含用户数据的所有比特序列。信息字段 INFO 的长度没有限制，但在使用时通常会对其进行限定。

5．校验字段 FCS

校验字段 FCS 包含地址字段 A、控制字段 C 和信息字段 INFO 的校验和，但不包括标志字段 F。校验字段 FCS 一般可以使用长度为 16 bit 的 CRC-CCITT 标准的校验序列，也可以使用 CRC-32 标准的校验序列。

HDLC 要面对非平衡与平衡配置、点对点和点对多点方式、正常响应模式与异步响应模式等情况，在解决数据链路层的初始化、链路建立、链路释放，以及差错控制、流量控制等问题时显得极其复杂。经过多年的实践与比较，数据链路层形成了另一种得到广泛应用的协议，即用于互联网点对点链路的 PPP。

7.3　PPP 与 PPPoE

PPP 是一种点对点的串行通信协议，其设计原则是简洁、高效与兼容。PPP 的特点如下。

① 在物理层支持点对点链路连接、全双工通信，支持异步通信或同步通信。

② PPP 只实现帧封装、传输、拆帧与校验功能；不使用帧序号，不提供流量控

制功能。

③ 随着通信线路质量的提高与光纤的广泛应用，物理层误码率明显降低。同时在 TCP/IP 模型中，TCP 已经采取了一系列差错控制措施，因此数据链路层功能已经具备简化条件。

④ PPP 只要求接收方进行 CRC 校验，若数据帧传输正确则接收方接收该帧；若数据帧传输错误则接收方丢弃该帧。

PPP 具有错误检测、支持多种协议、允许在连接时协商 IP 地址、允许身份认证等功能，因此得到了广泛使用。

7.3.1　PPP 原理

PPP 中提供了一整套方案来解决链路的建立、维护、拆除，以及上层协议的协商、认证等问题，具体如下。

① PPP 提供安全认证协议族、密码认证协议（Password Authentication Protocol，PAP）和挑战握手身份认证协议（Challenge Handshake Authentication Protocol，CHAP）。

② PPP 提供 LCP，用于数据链路层各种参数的协商，如最大接收单元和认证模式。

③ PPP 提供各种 NCP（如 IPCP），用于网络层各个参数的协商，以更好地支持网络层协议。

PPP 帧格式如图 7-5 所示。

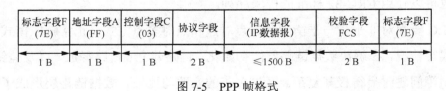

图 7-5　PPP 帧格式

相比于 HDLC 帧，PPP 帧多出了 8 个字节。其首尾字节都是帧的起始和结束标志字段。

协议字段表示信息字段的数据协议是什么，主要包括以下几种。

① 0x0021：信息字段是 IP 数据报。

② 0xC021：信息字段是链路控制数据 LCP。

③ 0x8021：信息字段是网络控制数据 NCP。

④ 0xC023：信息字段是安全性认证 PAP。

⑤ 0xC025：信息字段是链路质量报告（Link Quality Reports，LQR）。
⑥ 0xC223：信息字段是安全性认证 CHAP。

7.3.2　PPP 的工作过程

PPP 通信是两个端点之间的通信。通信双方必须先发送 LCP 数据帧来设定和测试数据链路，当链路建立后才可以进行认证。待认证完成后，通信双方再通过发送 NCP 数据帧来选定网络层协议。后续通信就可以在网络层进行了。

PPP 链路的建立需要经历链路建立、认证、网络层协议类型协商、帧传输、链路释放等阶段，其详细过程如图 7-6 所示。

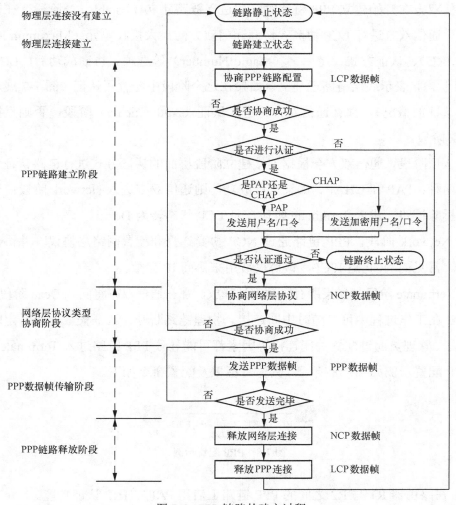

图 7-6　PPP 链路的建立过程

PPP 的工作过程如图 7-7 所示，具体如下。

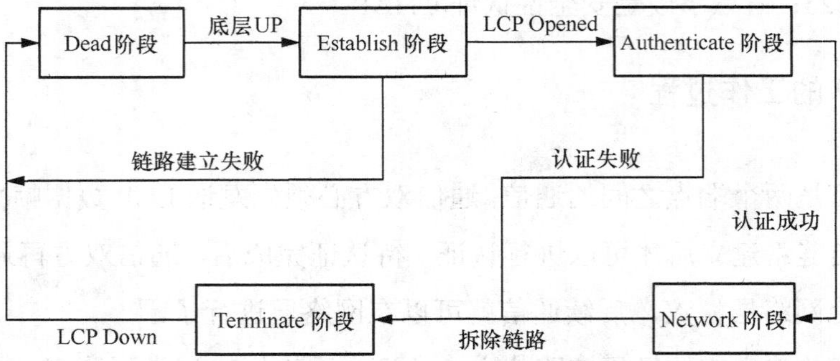

图 7-7　PPP 的工作过程

通信双方在开始建立 PPP 链路时，先进入链路建立（Establish）阶段。在链路建立阶段，通信双方进行 LCP 协商：协商通信双方的最大接收单元（Maximum Receive Unit，MRU）、认证方式、魔术字（Magic Number）等选项。协商成功后，LCP 进入 Opened 状态，表示底层链路已建立。如果在这个阶段中配置了认证（图 7-7 展示的是配置了认证的情况），那么通信双方将进入认证（Authenticate）阶段，否则直接进入 Network 阶段。

在认证阶段，通信双方会根据连接建立阶段协商的认证方式进行链路认证。认证方式有两种：PAP 和 CHAP。如果认证成功，则通信双方进入 Network 阶段；否则通信双方拆除链路，进入 Terminate 阶段，且 LCP 状态转为 Down。

在 Network 阶段，PPP 链路通过 NCP 协商选择和配置网络层协议，并协商网络层参数。常见的 NCP 是 IPCP，该协议被用来协商 IP 参数。

在 Terminate 阶段，如果所有资源都被释放，那么通信双方将回到 Dead 阶段。

PPP 在工作过程中可以随时中断连接。物理链路断开、认证失败、超时定时器的时间到了、管理员通过配置关闭连接等因素都可能导致 PPP 链路进入 Terminate 阶段。

PPP 配置示例如图 7-8 所示，具体目标以及配置命令如下。

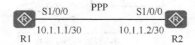

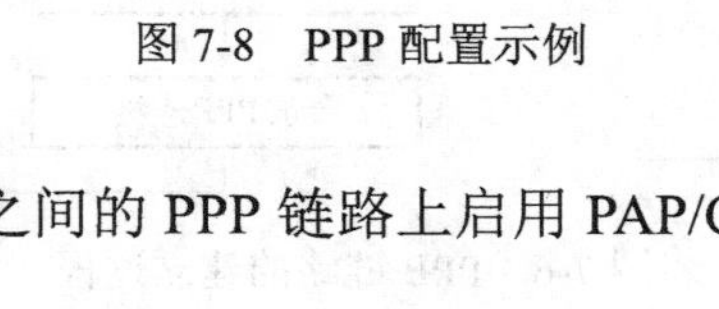

图 7-8　PPP 配置示例

① 在路由器 R1 与 R2 之间的 PPP 链路上启用 PAP/CHAP 认证功能。

② 将 R1 配置为认证方。

③ 将 R2 配置为被认证方。

R1 上的配置如下。

```
[R1]interface s1/0/0
[R1-Serial1/0/0]ip address 10.0.12.1 30
[R1-Serial1/0/0]quit
[R1]aaa
[R1-aaa]local-user R1 password cipher huawei
[R1-aaa]local-user R1 service-type ppp
[R1-aaa]quit
[R1]interface s1/0/0
[R1-Serial1/0/0]ppp authentication-mode chap
```

R2 上的配置如下。

```
[R2]interface s1/0/0
[R2-Serial1/0/0]ip address 10.0.12.2 30
[R2-Serial1/0/0]ppp chap user R1
[R2-Serial1/0/0]ppp chap password cipher huawei
[R2]display interface Serial1/0/0
Serial1/0/0 current state : UP
Line protocol current state : UP
Last line protocol up time : 2023-01-18 21:26:35 UTC-08:00
Description:HUAWEI, AR Series, Serial1/0/0 Interface
Route Port,The Maximum Transmit Unit is 1500, Hold timer is 10(sec)
Internet Address is 10.0.12.2/30
Link layer protocol is PPP
LCP opened, IPCP opened
Last physical up time   : 2023-01-18 21:26:33 UTC-08:00
Last physical down time : 2023-01-18 21:26:29 UTC-08:00
Current system time: 2023-01-18 21:26:53-08:00
Physical layer is synchronous, Virtualbaudrate is 64000 bps
Interface is DTE, Cable type is V11, Clock mode is TC
Last 300 seconds input rate 13 bytes/sec 104 bits/sec 0 packets/sec
Last 300 seconds output rate 6 bytes/sec 48 bits/sec 0 packets/sec

Input: 196 packets, 7855 bytes
  Broadcast:           0,  Multicast:              0
  Errors:              0,  Runts:                  0
  Giants:              0,  CRC:                    0
```

```
    Alignments:              0,  Overruns:                0
    Dribbles:                0,  Aborts:                  0
    No Buffers:              0,  Frame Error:             0

Output: 189 packets, 3678 bytes
    Total Error:             0,  Overruns:                0
    Collisions:              0,  Deferred:                0
      Input bandwidth utilization  :    0%
      Output bandwidth utilization :    0%
```

我们使用命令 ping 查看 R1 的连接情况，具体如下。

```
[R1]ping 10.0.12.2
  PING 10.0.12.2: 56  data bytes, press CTRL_C to break
    Reply from 10.0.12.2: bytes=56 Sequence=1 ttl=255 time=30 ms
    Reply from 10.0.12.2: bytes=56 Sequence=2 ttl=255 time=20 ms
    Reply from 10.0.12.2: bytes=56 Sequence=3 ttl=255 time=20 ms
    Reply from 10.0.12.2: bytes=56 Sequence=4 ttl=255 time=20 ms
    Reply from 10.0.12.2: bytes=56 Sequence=5 ttl=255 time=20 ms

  --- 10.0.12.2 ping statistics ---
    5 packet(s) transmitted
    5 packet(s) received
    0.00% packet loss
    round-trip min/avg/max = 20/22/30 ms
```

7.3.3　PPPoE 简介

PPPoE 是将 PPP 帧在以太网上传输的一种网络隧道协议。由于协议中集成了 PPP，因此 PPPoE 实现了除传统以太网不能提供的身份验证、加密、压缩等功能之外，还实现了用调制解调器和数字用户线（Digital Subscriber Line，DSL）向用户提供接入服务的协议体系。

本质上，PPPoE 是一种允许在以太网广播域的两个以太网接口之间创建点对点隧道的协议。PPPoE 使用传统的基于 PPP 的软件来管理一个不是使用串行线路而是使用类似于以太网的有向分组网络的连接，这种有登录和口令的标准连接便于提供网络接入服务的运营商计费。此外，只有当 PPPoE 成功连接时，接收方才会被分配 IP 地址，所以 PPPoE 允许 IP 地址的动态复用。

7.3.4　PPPoE 的工作过程

DSL 是一种利用现有电话网络实现数据通信的宽带接入技术。人们通常把所有的 DSL 技术统称为 xDSL，其中，x 表示 DSL 技术的种类。目前比较流行的宽带接入技术非对称数字用户线（Asymmetric Digital Subscriber Line，ADSL）是一种非对称 DSL 技术，所使用的协议是 PPPoE。

1. DSL 技术的应用

在使用 DSL 技术接入网络时，用户端需要先安装调制解调器，然后通过现有的电话线与数字用户线接入复用器相连，最后通过高速 ATM 网络或者以太网将数据发送给宽带远程接入服务器。宽带远程接入服务器是面向宽带网络应用的接入网关，位于骨干网的边缘。DSL 技术的应用示例如图 7-9 所示。

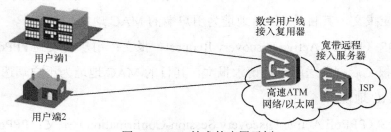

图 7-9　DSL 技术的应用示例

2. PPPoE 原理

PPPoE 报文是使用以太网格式进行封装的。PPPoE 报文格式如图 7-10 所示，其字段的含义如下。

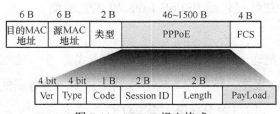

图 7-10　PPPoE 报文格式

① Ver：表示 PPPoE 版本号，值为 0x01。

② Type：表示协议类型。该字段的值为 0x8863 时，表示承载的是 PPPoE 发现阶

段的报文；值为 0x8864 时，表示承载的是 PPPoE 会话阶段的报文。

③ Code：表示 PPPoE 报文类型。不同的值表示不同的 PPPoE 报文类型。

④ Session ID：发送端和接收端一起定义一个 PPPoE 会话。

⑤ Length：表示 PPPoE 报文的 Payload 长度，该长度不包括以太网头部和 PPPoE 头部的长度。

⑥ PayLoad：净载荷域、数据域，在 PPPoE 的不同阶段，该域内的数据内容会有很大的不同。在 PPPoE 的发现阶段时，该域内会填充一些标记（Tag）。在 PPPoE 的会话阶段，该域携带的是标准的点对点协议包（PPP Packet）。

3．PPPoE 报文

PPPoE 通过以下 5 种类型的报文建立和终结 PPPoE 会话。

① PADI（PPPoE Active Discovery Initiation）报文：是由用户端发送的 PPPoE 服务器探测报文，其目的 MAC 地址为广播地址。

② PADO（PPPoE Active Discovery Offer）报文：PPPoE 服务器收到 PADI 报文之后发送的回应报文，其目的 MAC 地址为用户端的 MAC 地址。

③ PADR（PPPoE Active Discovery Request）报文：用户端收到 PPPoE 服务器回应的 PADO 报文后，发送的单播请求报文，其目的 MAC 地址为用户端选择的 PPPoE 服务器的 MAC 地址。

④ PADS（PPPoE Active Discovery Session-Confirmation）报文：PPPoE 服务器分配一个唯一的 Session ID，并通过 PADS 报文发送给用户端。

⑤ PADT（PPPoE Active Discovery Terminate）报文：当用户端或者服务器需要终止会话时，可以发送这种报文。

4．PPPoE 会话的建立过程

PPPoE 会话的建立过程包括 PPPoE 协商 和 PPP 协商。

（1）PPPoE 协商

用户端向服务器发送一个 PADI 报文（广播形式），开始建立 PPPoE 会话。服务器向用户端发送 PADO 报文，用户端可能会收到来自多个服务器的 PADO 报文。在接收到的所有 PADO 报文中，用户端选择第一个 PADO 报文对应的服务器，并发送一个 PADR 报文给这个服务器。该服务器产生一个 Session ID，通过 PADS 报文发送给用户端。

（2）PPP 协商

用户端和服务器之间进行 PPP 的 LCP 协商，建立数据链路层通信，同时协商使用 CHAP 认证方式。服务器通过挑战报文发送给认证客户端，提供一个长度为 128 bit 的挑战报文。用户端收到挑战报文后，采用 MD5 算法对密码和挑战报文做运算，并通过回应报文把运算结果发送给服务器。服务器根据用户端发送的信息判断用户是否合法，然后发送认证成功/失败报文，将认证结果反馈给用户端进行 NCP（如 IPCP）协商。

PPPoE 会话的建立过程如图 7-11 所示。

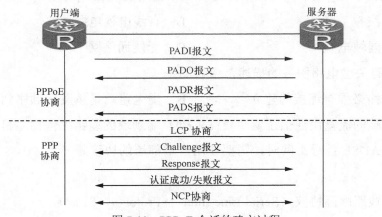

图 7-11　PPPoE 会话的建立过程

PPPoE 会话的状态包括以下 4 种。

① IDLE：表示当前会话状态为空闲。

② PADI：表示 PPPoE 会话处于发现阶段，并已经发送 PADI 报文。

③ PADR：表示 PPPoE 会话处于发现阶段，并已经发送 PADR 报文。

④ UP：表示 PPPoE 会话建立成功。

PPPoE 配置示例如图 7-12 所示，具体要求如下。请读者自行完成相关配置。

图 7-12　PPPoE 配置示例

① 将路由器 R1 设置为 PPPoE 用户端，R2 为 PPPoE 服务器。

② 在 R1 上配置 PPPoE 用户端拨号接口。

③ 在 R1 上配置 PPPoE 用户端拨号接口的认证功能。

④ R1 的拨号接口获取 PPPoE 服务器分配的 IP 地址（在 PPPoE 服务器上创建为用户端分配 IP 的地址池）。

⑤ R1 通过拨号接口来访问服务器（PPPoE 服务器完成 PPPoE 用户端认证）。

习　题

一、选择题

1. ADSL 是一种宽带接入技术，这种技术使用的传输介质是（　　）。

A．电话线　　　　　　　　　　B．有线电视电缆

C．基带同轴电缆　　　　　　　D．无线通信网

2. 下面有关虚电路服务的描述，错误的是（　　）。

A．虚电路必须有连接的建立　　B．虚电路总是按发送顺序到达目的端

C．端到端的流量由通信子网负责　D．端到端的差错处理由主机负责

3. 使用 ADSL 拨号上网时，需要在用户端部署的协议是（　　）。

A．PPP

B．串行线路网际协议（Serial Line Internet Protocol，SLIP）

C．PPTP

D．PPPoE

4. PPPoE 用户端向 PPPoE 服务器发送 PADI 报文，服务器回复 PADO 报文，那么 PADO 报文是（　　）帧。

A．组播　　　　B．广播　　　　C．单播　　　　D．任播

二、简答题

1. 广域网是什么？它有几种类型？

2. 专用传输网络有何特点？

3. 使用 HDLC 传输的数据在传输中，可能会因含有和标志字段 F 相同的字段使接收方误以为数据传输结束，请说明可以使用哪种方法解决此问题，并简要说明该方法的工作过程。

4. 简要阐述 PPP 的工作过程。

5. PPP 与 PPPoE 有什么区别？

第 8 章　WLAN

本章将对无线局域网技术进行系统介绍。

---------------------------- 本章教学目标 ----------------------------

【知识目标】
- 了解 WLAN 的概念及其协议标准。
- 了解 WLAN 的结构。
- 了解 WLAN 的常用设备。
- 掌握 WLAN 的组网方式。
- 掌握 WLAN 的工作流程。

【技能目标】
- 具备良好的学习能力，能完成无线网络拓扑的规划。

【素质目标】
- 培养独立意识和创新意识。

8.1　WLAN 概述

在 WLAN 出现之前，人们要想通过网络进行通信，就必须先用物理线缆组建一个通路。为了提高通信效率和传输速度，人们发明了光纤。当网络发展到一定规模后，人们又发现这种有线网络无论是组建还是拆装，或是在原有基础上进行改建，都非常困难，且成本和代价也非常高。于是，WLAN 应运而生。

WLAN 的特点是不再使用通信线缆将计算机与网络连接起来，而是通过无线的方式进行连接，使网络的构建和终端的移动更加灵活。WLAN 是相当便利的数据传输网络，它利用射频技术，使用电磁波来取代双绞线作为局域网的通信媒介，实现无线通信。

8.1.1 什么是 WLAN

WLAN 指使用无线通信技术将计算机设备连接起来，构成可以互相通信和进行资源共享的网络，使用户真正享受到随时、随地、随意的宽带网络接入服务。

1997 年，WLAN 的标准 IEEE 802.11 形成了。目前，IEEE 802.11 标准已经从 IEEE 802.11、IEEE 802.11a 发展到 IEEE 802.11ax，对多种频段无线传输技术的物理层、数据链路层、无线网桥，以及 QoS 管理、安全与身份认证作出了一系列规定。

1. IEEE 802.11 标准

几种主要的 IEEE 802.11 标准如图 8-1 所示。

IEEE标准	频段	最大传输速率	标准公布时间
802.11	2.4 GHz	2 Mbit/s	1997年
802.11a	5 GHz	54 Mbit/s	1999年
802.11b	2.4 GHz	11 Mbit/s	1999年
802.11g	2.4 GHz	54 Mbit/s	2003年
802.11n	2.4 GHz、5 GHz、 2.4 GHz 或5 GHz（可选） 2.4 GHz 与5 GHz（同时支持）	600 Mbit/s	2009年
802.11ac	5 GHz	1 Gbit/s	2011年（草案）
802.11ad	60 GHz	7 Gbit/s	2012年（草案）

图 8-1　IEEE 802.11 标准

目前，使用较多的是 IEEE 802.11n 和 IEEE 802.11ac 标准，它们既可以工作在 2.4 GHz 频段，也可以工作在 5 GHz 频段，最大传输速率可达 600 Mbit/s。严格来说，只有支持 IEEE 802.11ac 标准才是真正的 5G，但目前支持 2.4 GHz 和 5 GHz 双频段的路由器很多只支持 4G，也就是 IEEE 802.11n 标准定义的双频段。

2. 常见的 WLAN 技术

（1）蓝牙

蓝牙是一种使用 2.4 GHz 频段传输数据的短距离、低成本的无线接入技术，主要应用于近距离的语言通信和数据传输业务。蓝牙设备的工作频段是世界范围内都可自由使用的 2.4 GHz ISM 频段[1]，数据传输率为 1 Mbit/s。蓝牙具有抗干扰能力强、所需设备简单、通信性能好等特点。根据设备发射功率的不同，蓝牙的有效通信距离为 10~100 m。

（2）ZigBee

ZigBee 是一种短距离、低功率、低速率的无线接入技术。ZigBee 的工作频段为 2.4 GHz，数据传输速率为 10～250 kbit/s，传输距离为 10～75 m。ZigBee 采用的是基本的主从结构和静态的星形网络相配合的方式，因此更适合于使用频率低、传输速率低的设备。由于激活时延小，仅需要 15 ms，且具有低功耗的特点，因此，ZigBee 已经应用于自动监控、遥控等领域。

（3）WiMax

全球微波接入互操作性（Worldwide Interoperability for Microwave Access，WiMax）是一种宽带无线接入技术，能提供面向互联网的高速连接，其数据传输距离可达 50 km。WiMax 可以作为一种为企业和家庭用户提供"最后一公里"的宽带无线连接方案，因而备受业界关注。

3．无线网络的分类

无线网络是对使用无线电技术传输数据的网络的总称。根据网络的覆盖范围、应用场合和架构的不同，无线网络可以被划分为不同的类别。下面将从以上 3 个角度来具体阐述无线网络的分类情况。

（1）根据网络覆盖范围划分

根据网络覆盖范围的不同，无线网络可以被划分为无线广域网（Wireless Wide Area Network，WWAN）、WLAN、无线城域网（Wireless Metropolitan Area Network，WMAN）和无线个域网（Wireless Personal Area Network，WPAN）。

无线广域网基于移动通信基础设施，由运营商经营，为一个城市甚至是一个国家提供通信服务。WLAN 是一个具有短距离无线通信接入功能的网络，它的网络连接能力非常强大。目前，WLAN 采用 IEEE 802.11 标准。无线广域网和 WLAN 的应用并不是完全互相独立的，它们可以结合起来提供更加丰富的无线网络服务。WLAN 可以让接入用户共享局域网之内的信息，无线广域网可以让接入用户共享局域网之外的信息。无线城域网可以让接入用户访问到固定场所的无线网络，将一个城市或者地区的

---

[1] ISM：Industria Scientific and Medical。ISM 频段是最初在国际上为工业、科学和医疗系统保留的无线电频段，现在指不需要执照就可以使用的、在 902～928 MHz，2.400～4.835 GHz 和 5.725～5.858 GHz 这 3 个范围内的开放频段。

多个固定场所连接起来。无线个域网是用户将其所拥有的便携式设备通过通信设备组成短距离连接的无线网络。

（2）根据网络应用场合分类

根据网络应用场合的不同，无线网络可以被划分为无线传感器网络（Wireless Sensor Network，WSN）、无线网格（Mesh）网络、可穿戴式无线网络和无线体域网络（Wireless Body Area Network，WBAN）。

（3）根据网络架构分类

根据网络架构的不同，无线网络可以被划分为多种类型。众所周知，在有线网络中，网络结构主要有总线拓扑、星形拓扑、树形拓扑和网状拓扑。但是在无线网络中，网络架构只有星形拓扑和网状拓扑。在星形拓扑中，各客户端之间的通信主要由一台中心计算机负责，即每两台客户端之间的通信都要经过这台中心计算机。网状拓扑不同于星形拓扑，网络拓扑中没有负责各客户端之间通信的中心计算机，每台客户端与其通信范围内的客户端行直接通信。

4．WLAN 的关键技术

带冲突避免的载波感应多路访问（Carrier Sense Multiple Access with Collision Avoidance，CSMA/CA）是 WLAN 的关键技术，其工作流程是：发送方希望在无线网络中传输数据，如果没有探测到网络中正在传输数据，则附加等待一段时间，再随机选择一个时间片继续探测。如果这时无线网络中仍旧没有数据正在传输，则发送方将数据发送出去。接收方如果收到发送方发送的完整数据，则回应一个 ACK 数据报文给发送方。如果这个 ACK 数据报文被发送方收到，则这意味着数据发送过程完成。如果发送方没有收到 ACK 数据报文，则这意味着发送的数据没有被完整地收到，或者 ACK 数据报文发送失败。无论是发生哪种情况，发送方都会等待一段时间后重新发送数据。

5．WLAN 的结构

WLAN 基本服务集有两种类型：一种是独立模式的基本服务集，由若干个移动台组成，这种被称为点对点 Ad-Hoc 结构；另一种是基础设施模式的基本服务集，包含一个无线接入点（Access Point，AP）和若干个移动台，这种被称为基于 AP 的基本结构。

（1）点对点 Ad-Hoc 结构

点对点 Ad-Hoc 结构相当于有线网络中的多台终端直接通过无线网卡互联，数据直接在两台终端之间进行点对点传输。网络中的节点是自主对等的工作方式，这对于小型无线网络来说，是一种便捷的连接方式。点对点 Ad-Hoc 结构如图 8-2 所示。

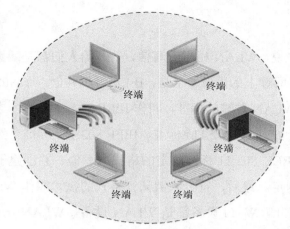

图 8-2 点对点 Ad-Hoc 结构

（2）基于 AP 的基本结构

基于 AP 的基本结构与有线网络中的星形拓扑类似，也属于集中式结构，这种结构需要无线 AP 的支持。无线 AP 相当于有线网络中的交换机，起着集中连接和数据交换的作用。无线 AP 负责监管一个小区，并作为移动终端和主干网之间的桥接设备。基于 AP 的基本结构如图 8-3 所示。

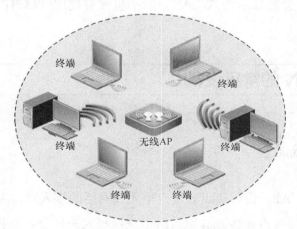

图 8-3 基于 AP 的基本结构

8.1.2 WLAN 与 Wi-Fi

WLAN 通过无线射频技术将区域内的终端连接起来。Wi-Fi 则是在 WLAN 发展起来之后，基于 IEEE 802.11 标准建立的用于统一不同设备之间传输数据的一种技术。因此，WLAN 只是单纯的无线网络通信技术，而 Wi-Fi 才是人为选定的 IEEE 802.11

标准技术。

用比喻的手法来说，WLAN 相当于写信，一开始人们都是随意写信，没有标准格式，因此造成了一些阅读上的困难。于是，IEEE 组织并创办了 802.11 工作组，802.11 工作组建立了一个 WLAN 传输的标准，叫作 IEEE 802.11 标准。这个标准制定了大体上统一的写信格式，如 IEEE 802.11a 标准、IEEE 802.11b 标准。然后，世界各地认可这个标准，都采用 IEEE 802.11 标准制定的格式来写信，并创建了一个联盟，对格式进行了更加详细的制定。最后，符合联盟认证格式的技术叫作 Wi-Fi 技术，这个联盟就是 Wi-Fi 联盟。因此，Wi-Fi 设备都是 WLAN 设备，WLAN 设备却不一定是 Wi-Fi 设备。此外，WLAN 和 Wi-Fi 频段和覆盖范围也有差异，WLAN 支持 5 GHz 频段和 2.4 GHz 频段，Wi-Fi 只支持 2.4 GHz 频段；WLAN 的覆盖范围更广。

为什么有的手机的无线网络显示的是 WLAN，而有的手机则显示的是 Wi-Fi 呢？这是因为我国还有一个 WLAN 标准，叫作无线局域网鉴别和保密基础结构（WLAN Authentication and Privacy Infrastructure，WAPI）。WAPI 是我国首个自主创新并拥有知识产权的无线通信技术标准，可以使 Wi-Fi 更加安全。手机上只有同时使用 Wi-Fi 和 WAPI，无线网络才会被显示为 WLAN。若手机没有使用 WAPI，则手机上的无线网络只会显示 Wi-Fi。

8.2　WLAN 的常见设备

8.2.1　无线 AP 概述

无线 AP（简称 AP，俗称热点）是一个无线网络的接入点，主要设备有路由交换接入一体设备和纯接入点设备，其中，路由交换接入一体设备执行接入和路由工作，纯接入设备只负责无线用户端的接入。纯接入设备通常被用来扩展无线网络，与其他 AP 或者主 AP 连接，以扩大无线网络的覆盖范围。而路由交换接入一体设备一般是无线网络的核心设备。

1．AP 的应用

AP 主要用于家庭、大楼、校园、园区、仓库、工厂等需要无线网络的地方，其覆盖范围为方圆几十米至上百米。无线 AP 也有可以用于远距离传输，最远可以达到

30 km。无线 AP 采用的主要标准是 IEEE 802.11 系列。大多数无线 AP 还带有接入点客户端模式,可以和其他 AP 进行无线连接,扩大网络的覆盖范围。常用的无线 AP 设备如图 8-4 所示。

图 8-4 常用的无线 AP 设备

2．AP 的作用

AP 的作用是实现无线设备接入有线网络的功能,具体如下。

① AP 可以作为 WLAN 的中心节点,为其他有无线网卡的终端提供接入服务。

② 通过为有线局域网提供长距离无线连接,或者为小型 WLAN 提供长距离有线连接,AP 可以扩大网络覆盖范围。

AP 也可用于小型 WLAN 的连接,从而达到扩大网络覆盖范围的目的。当无线网络的用户足够多时,有线网络中应部署一个 AP,从而将无线网络连接至有线网络主干。AP 在无线终端和有线网络主干之间起到网桥的作用,实现了无线网络与有线网络的无缝集成。AP 既允许无线终端访问网络资源,同时又为有线网络增加了可用资源。

8.2.2 无线 AC

无线接入控制器(Access Controller,AC),简称 AC,是一种无线网络的核心设备,负责管理无线网络中所有的无线 AP,进行修改相关配置参数、射频智能管理、接入安全控制等操作。

1．AC 的定义

传统的 WLAN 由于存在局限性,已经不能满足那些网络规模比较大且非常依赖无线业务的用户需求。这些用户对无线网络提出了新的要求:首先,需要整体的无线网络解决方案，具有网络统一管理的系统；其次，无线网络的部署要简单，例如，能够通过工具自动得出在什么位置部署 AP、使用哪个频段以获得最佳性能等；再次，无线网络一定是安全的无线网络；最后无线网络要能够支持多种业务，如语音通信。常用的无线 AC 设备如图 8-5 所示。

图 8-5 常用的 AC 设备

2．AC 的特点

传统的无线网络中没有集中管理的控制器设备，所有的 AP 都通过交换机连接起来，每个 AP 单独负责射频、通信、身份验证、加密等工作，因此管理员需要对每一个 AP 进行独立配置，难以实现全局的统一管理和集中的射频、接入和安全策略设置。而在基于无线控制器的解决方案中，无线控制器能够很好地解决这些问题。在该方案中，所有的 AP 都"减肥"了（Fit AP），每个 AP 只负责射频和通信的工作，其作用相当于一个简单的、基于硬件的射频底层传感设备。所有 Fit AP 接收到的射频信号根据 IEEE 802.11 标准进行编码，随即通过不同厂商制定的加密隧道协议穿过以太网并传输到无线控制器，进而由无线控制器集中对编码流进行加密、验证、安全控制等更高层次的工作。因此，基于 Fit AP 和无线控制器的无线网络解决方案具有统一管理的特性，能够很好地自动完成射频单元规划、接入和安全控制策略工作。

8.2.3 PoE 交换机

PoE 交换机在现有以太网五类线布线基础架构不作任何改动的情况下，不仅能为一些基于 IP 的终端（如 IP 电话、无线 AP、网络摄像机等）传输数据，还能为此类设备提供直流供电服务。

1. PoE 交换机简介

PoE 交换机符合 IEEE 802.3 af/802.3 at 标准，通过双绞线供电的方式为标准的 PoE 终端供电，免去额外的电源布线。PoE 交换机端口输出功率可以达到 30 W，受电设备可获得的功率为 25.4 W。通俗来说，PoE 交换机就是一款支持双绞线供电的交换机，不仅具有普通交换机的数据传输功能，还具有对网络终端进行供电的功能。常见的 PoE 交换机如图 8-6 所示。

图 8-6　常见的 PoE 交换机

一套完整的 PoE 系统包括供电设备和受电设备两部分。供电设备为以太网终端供电，同时也是整个 PoE 以太网供电过程的管理者。受电设备是接受供电的供电设备负载，即 PoE 系统的终端。

2. PoE 交换机的工作过程

PoE 交换机的工作过程如下。

（1）检测

PoE 交换机在其端口输出很小的电压，用于检测线缆的另一端是否连接一台支持 IEEE 802.3 af 标准的受电设备。

（2）对受电设备进行分类

当检测到受电设备之后，PoE 交换机会对受电设备进行分类，并且评估此受电设备的功率损耗。

（3）开始供电

在一个可配置时间（一般小于 15 μs）的启动期内，PoE 交换机从低电压开始向受电设备供电，最终提供 48 V 的直流电源。

（4）供电

PoE 交换机为受电设备提供稳定可靠的 48 V 直流电，满足受电设备不超过 15.4 W 的功率消耗。

（5）断电

若受电设备从网络上断开时，PoE 交换机就会快速地（一般为 300～400 ms）停止为受电设备供电,并重复检测过程,以检测线缆的另一端是否连接受电设备。

8.3 WLAN 的组网方式

随着技术的发展,WLAN 形成了两种主流的组网方式,分别是 Fat AP(胖 AP)和 Fit AP(瘦 AP)。在 Fat AP 这种组网方式中,无线 AP 承载了认证终结、漫游切换、产生动态密钥等复杂功能。

相对于 Fat AP,Fit AP 增加了无线交换机,并将其作为中央集中控制管理设备,将原先在 Fat AP 上承载的认证终结、漫游切换、动态密钥产生等复杂功能转移到无线交换机上。无线 AP 与无线交换机之间通过隧道方式进行通信,之间可以跨越二层网络、三层网络甚至广域网进行连接。这种方式减少了单个无线 AP 的负担,提高了整个网络的工作效率。

8.3.1 Fat AP 的架构

Fat AP 的架构如图 8-7 所示。

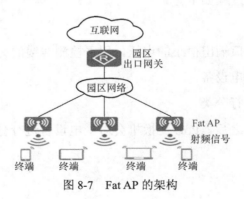

图 8-7 Fat AP 的架构

Fat AP 的架构具有如下特点。

① 无线 AP 通过边缘二层交换机接入有线网络,无线 AP 或者三层交换机作为认证终结点。

② 适用于小规模 WLAN 的组建,且建设成本低。

③ 无线 AP 作为边缘接入设备,类似于有线网络接入层交换机,易于管理。

④ 无线 AP 采用独立工作的方式,需要单独进行配置,且功能较为单一。

随着 WLAN 覆盖面积的增大，接入用户数量的增多，网络中需要部署的 Fat AP 的数量也会增多。由于 Fat AP 是独立工作的，缺少统一的控制设备，因此 Fat AP 的管理和维护十分麻烦。

Fat AP 通常适用于规模较小、仅有数据接入业务需求的 WLAN，或者是一些局部采用 WLAN 进行热点覆盖的应用场景。

8.3.2 Fit AP+AC 的架构

Fit AP+AC 的架构如图 8-8 所示。

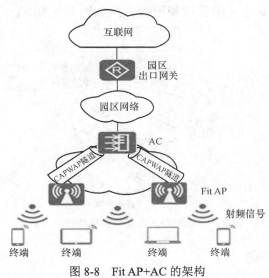

图 8-8　Fit AP+AC 的架构

Fit AP+AC 的架构具有如下特点。

① 增加无线交换机作为中央控制管理单元、认证终结点，适用于大规模 WLAN。

② 无线交换机与无线 AP 之间可以跨越二层网络、三层网络、广域网进行灵活组网。

③ 能够满足快速漫游切换、基于用户的权限管理、无线射频环境监控、音视频传输等增值业务的需要。

④ 所采用的集中管理模式使得同一个 AC 下的 AP 有着相同的软件版本。当需要更新时，先由 AC 获取更新包或补丁，然后由 AC 统一更新 AP 的软件版本。AP 和 AC 功能的拆分也减少了对 AP 软件版本的更新频率，有关用户认证、网管、安全等功能的更新只需在 AC 上进行。

8.3.3 有线侧组网概述

1. CAPWAP

为满足大规模组网的要求，需要对网络中的多个 AP 进行统一管理，互联网工程任务组（Internet Engineering Task Force，IETF）成立了无线接入点的控制和配置协议（Control and Provisioning of Wireless Access Points Protocol Specification，CAPWAP）工作组，最终制定了 CAPWAP。该协议定义了 AC 对 AP 的管理和控制方式，即 AC 与 AP 间首先会建立 CAPWAP 隧道，然后 AC 通过 CAPWAP 隧道实现对 AP 的集中管理和控制。CAPWAP 定义的管理和控制方式如图 8-9 所示。

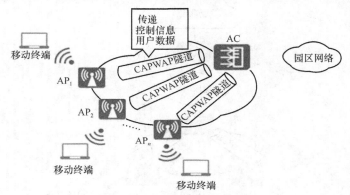

图 8-9　CAPWAP 定义的管理和控制方式

2. AP-AC 组网方式

在 AP-AC 组网中，二层网络是指 AP 和 AC 之间是二层组网，三层网络是指 AC 和 AP 之间是三层组网。在二层网络中，AP 可以通过二层广播或者 DHCP 过程即插即用上线。在三层网络中，AP 无法直接发现 AC，需要通过 DHCP、DNS 或配置静态 IP 的方式发现 AC。AP-AC 组网方式如图 8-10 所示。

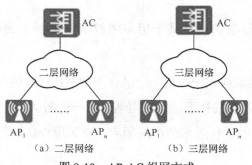

图 8-10　AP-AC 组网方式

在实际组网中,一台 AC 可以连接几十甚至几百台 AP。比如在企业网络中,AP 可以被部署在办公室、会议室、会客间等场所,而 AC 可以被部署在机房,这时 AP 和 AC 之间的网络就是比较复杂的三层网络。

3. AC 连接方式

(1)直连式组网

采用直连式组网方式的网络对 AC 的吞吐量及处理数据能力要求比较高,否则,AC 会是整个网络带宽的瓶颈。采用这种方式组建的网络的架构会比较清晰,网络的部署也比较简单。

(2)旁挂式组网

旁挂式组网是将 AC 旁挂在现有网络中,比如旁挂在汇聚交换机上。在这种组网方式中,AC 只承载对 AP 的管理功能,管理流被封装在 CAPWAP 隧道中进行传输;数据业务流可以通过 CAPWAP 隧道经过 AC 转发,也可以不经过 AC 直接转发。数据业务流经过汇聚交换机传输至上层网络。AC 连接方式如图 8-11 所示。

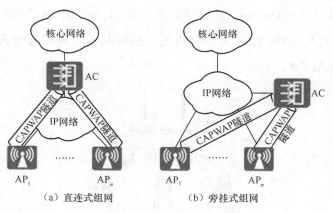

图 8-11 AC 连接方式

8.3.4 无线侧组网概述

1. 无线通信系统模型

无线通信系统中的信息可以是图像、文字、声音等。信息需要先在发送方经过信源编码转换为便于电路计算和处理的数字信号,再经过编码和调制转换为无线信号进行发射。无线通信系统模型如图 8-12 所示。

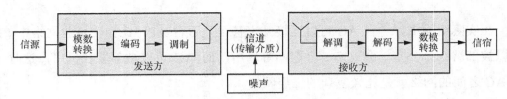

图 8-12 无线通信系统模型

2. 无线电波

无线电波是频率规定在 3000 GHz 以下,不用人造波导而在空间传播的电磁波。无线电技术将声音信号或其他信号进行转换,利用无线电波进行传输。

WLAN 就是采用无线电波在空间中传输信息,当前使用的频段如下。

① 2.4 GHz,频率范围为 (2.4～2.4835) GHz。

② 5 GHz,频率范围为 (5.15～5.35) GHz 和 (5.725～5.85) GHz。

3. BSS/SSID/BSSID

(1) BSS

无线网络的基本服务单元通常由一个 AP 和若干无线终端(Station,STA)组成,基本服务集(Basic Service Set,BSS)是采用 IEEE 802.11 标准的网络的基本结构。由于无线介质具有共享性,BSS 中报文收发需携带基本服务集标识符(BSS Identifier,BSSID)。BSS 如图 8-13 所示。

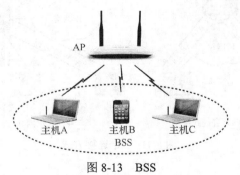

图 8-13 BSS

(2) BSSID

BSSID 可理解为 AP 的数据链路层 MAC 地址。终端需要 AP 的身份标识,这个身份标识就是 BSSID。为了区分 BSS,每个 BSS 的 BSSID 必须是唯一的,因此 AP 的 MAC 地址便被作为 BSSID,以保证其唯一性。

(3) SSID

服务集标识符(Service Set Identifier,SSID)表示无线网络的标识,用于区分不同的无线网络。例如，当我们在笔记本电脑上搜索可接入的无线网络时，得到的网络名称就是 SSID。如果一个空间部署了多个 BSS，那么终端就会发现多个 BSSID，只要选择要加入的 BSSID 就可以接入网络。由于选择 BSSID 的是笔记本电脑的使用者，为了使 AP 的身份更容易被辨识，因此网络名称常用字符串作为 AP 的名字，这个字符串就是 SSID。

4. VAP

虚拟接入点（Virtual Access Point，VAP）是 AP 上虚拟的业务功能实体。用户可以在一个 AP 上创建不同的 VAP，为不同的用户群体提供无线接入服务。VAP 简化了 WLAN 的部署，但这并不意味 VAP 越多越好，而是要根据实际需求进行规划。一味地增加 VAP 的数量，不仅会让用户花费更多的时间寻找 SSID，还会增加 AP 的配置复杂度。此外，VAP 并不等同于真正的 AP，所有的 VAP 共享所在 AP 的软件和硬件资源，所有 VAP 的用户共享相同的信道资源，而 AP 的容量是不变的，并不会随着 VAP 数目的增加而成倍地增加。

5. ESS

扩展服务集（Extend Service Set，ESS）是将多个 BSS 组成规模更大的虚拟 BSS，并使用以太交换机将多个 BSS 互联起来。用户可以带着终端在 ESS 覆盖区域内自由移动和漫游，无论移动到哪里，他都可以认为使用的是同一个 WLAN。ESS 如图 8-14 所示。

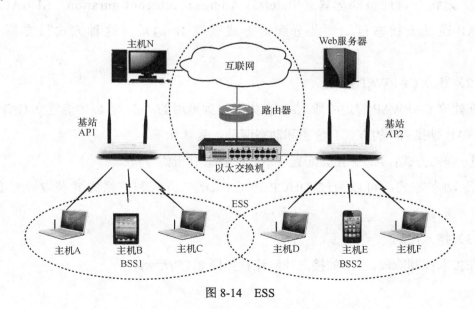

图 8-14　ESS

6. WLAN 漫游

WLAN 漫游指 STA 在同属于一个 ESS 的不同 AP 的覆盖范围之间移动，且保持 STA 用户的网络业务不被中断的行为。WLAN 的最大优势就是 STA 可以不受物理介质的影响。当 STA 从一个 AP 的覆盖区域移动到另外一个 AP 的覆盖区域时，WLAN 漫游可以实现 STA 用户网络业务的平滑切换。

8.4 WLAN 的工作流程

8.4.1 AP 上线

在集中式网络架构中，Fit AP 需要完成上线过程，这样 AC 才能实现对 AP 的集中管理和控制。AP 的上线过程包括以下阶段。

（1）获取 IP 地址

AP 获取 IP 地址的方式有以下 3 种。

① 静态方式：在 AP 上手动配置 IP 地址。

② DHCP 方式：通过配置 DHCP 服务器使 AP 作为 DHCP 客户端，向 DHCP 服务器请求 IP 地址。

③ 无状态地址自动配置（Stateless Address Autoconfiguration，SLAAC）方式：AP 通过无状态自动地址分配的方式获取 IP 地址。这种方式只支持 IPv6 地址。

（2）建立 CAPWAP 隧道

在建立 CAPWAP 隧道阶段，AP 首先要找到可用的 AC，这样才能建立 CAPWAP 隧道。AP 寻找 AC 的方式有静态和动态两种，具体如下。

① 静态方式：AP 上预先配置了 AC 的静态 IP 地址列表。

② 动态方式：可以通过 DHCP 方式、DNS 方式和广播方式获取 AC 的 IP 地址。

（3）接入控制

在接入控制阶段，AP 的接入控制流程如图 8-15 所示。

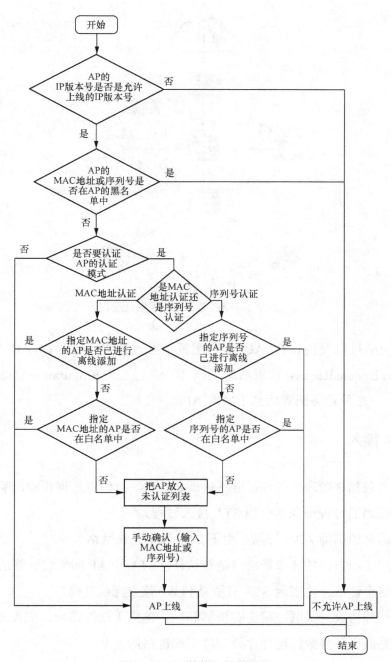

图 8-15 AP 的接入控制流程

8.4.2 AC 业务配置下发

AC 业务配置下发过程如图 8-16 所示。

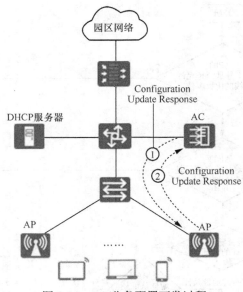

图 8-16 AC 业务配置下发过程

由图 8-16 可以发现，在 AC 业务配置下发过程中，首先由 AC 向 AP 发送 Configuration Update Request 请求消息，然后由 AP 回应 Configuration Update Response 消息。之后，AC 将业务配置信息下发给 AP。

8.4.3 STA 接入

STA 接入包括 3 阶段：扫描、链路认证和关联。我们将数据传输比喻为托镖，以 STA 找镖局托镖的过程形象地介绍 STA 接入过程。

①寻找满意的镖师 AP（扫描：用于 STA 发现无线网络）。

②向镖师出示自己的托镖资格（链路认证：STA 和 AP 间无线链路的认证过程。只有通过了这个认证，才表示 STA 有资格和 AP 建立无线链路）。

③签订托镖协议（关联：确定有资格和 AP 建立无线链路后，STA 还需要与 AP 协商无线链路的服务参数，这样才能完成无线链路的建立）。

习　题

一、选择题

1. 某家庭需要通过 WLAN 将分布在不同房间的 3 台计算机接入互联网，但 ISP

只给该家庭分配了一个 IP 地址。在这种情况下，应该选用的设备是（   ）。

A．AP B．无线路由器 C．无线网桥 D．交换机

2．Fit AP 发现 AC 的方式有（   ）。

A．静态发现 B．DHCP 动态发现

C．FTP 动态发现 D．DNS 动态发现

3．AP 是联接无线终端的设备，与该设备功能相同的有线互联设备是（   ）。

A．集线器 B．路由器 C．网桥 D．交换机

4．WLAN 的工作频段包括（   ）。

A．2 GHz B．5 GHz C．5.4 GHz D．2.4 GHz

5．由一个 AP 及关联的无线客户端组成的网络被称为（   ）。

A．IBSS B．BSS C．ESS D．NSS

二、简答题

1．阐述无线 AP 的作用。

2．阐述 AC 的定义。

3．Fat AP 架构有何特点？

4．简述 SSID 匹配的工作原理。

5．阐述 STP 接入过程。

第 9 章　网络安全简介

随着计算机网络的广泛应用，网络安全问题引起了世界各国的高度重视。本章将简要介绍网络安全的相关知识。

------ 本章教学目标 ------

【知识目标】
- 了解网络安全的基础知识。
- 了解网络攻击与网络防御的基本内容。
- 理解入侵检测的基本概念与方法。
- 掌握防火墙的概念及应用。

【技能目标】
- 具有良好的自学能力，具有对新技术的钻研精神，具有较强的动手能力。

【素质目标】
- 培养高尚的职业操守，遵守网络安全相关法律法规。

9.1　网络安全基础知识

9.1.1　网络安全基础

网络安全引申自信息安全，维护网络的安全就是维护网络中信息的安全。信息安全指对信息的保密性、完整性和可用性的保护，防止未授权者篡改、破坏和泄露信息。

从本质上讲，网络安全是指网络系统的硬件、软件和系统中的数据受到保护，不因偶然的或者恶意的攻击而遭到破坏、更改、泄露，网络系统连续可靠正常地运行，网络服务不中断。从广义上讲，凡是涉及网络上信息的保密性、完整性、可用性、真实性、可控性等方面的相关技术和理论都是网络安全所要研究的方向。网络安全包括物理安全和逻辑安全两方面。物理安全指系统设备及相关设施受到物理保护，免于被破坏或丢失。逻辑安全指信息的保密性、完整性、可用性、真实性和可控性。

① 保密性：指保护数据不被非法截取或未经授权浏览。保密性对敏感数据的传输而言尤为重要。

② 完整性：指保证所传输、接收或存储的数据是完整的和未被篡改的。

③ 可用性：指在遭遇突发事件（如供电中断、自然灾害、受到攻击等）的情况下，网络系统仍能正常运行，保证数据的存储、传输等不受影响。

④ 可控性：指对信息、信息处理过程及信息系统本身可实施的合法的监控和检测。

⑤ 不可否认性：指能够保证信息行为人不能否认其信息行为。该特性可防止参与某次通信交换的一方在事后否认本次通信交换曾经发生的情况出现。

9.1.2 网络安全技术

1. 信息保密技术

信息保密技术主要包括信息加密技术和信息隐藏技术。信息加密技术旨在将明文信息通过加密算法转换为看似无用的乱码，使攻击者无法读懂信息，从而保证信息安全。

（1）信息加密技术

信息加密系统由以下四部分组成。

① 明文，即未经任何处理的原始报文。

② 密文，即经加密技术处理后的报文。

③ 加密/加密密钥。

④ 解密/解密密钥。

信息加密技术中的信息传输流程为：发送方在传输原始报文之前先使用加密密钥，通过加密算法对原始报文进行加密，形成密文，并将密文传输给接收方；接收方接收到密文后，使用解密密钥，通过解密算法对密文解密，获得明文。这个流程如图9-1所示。

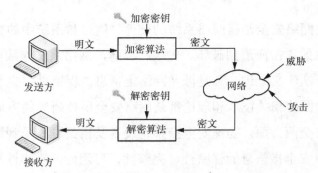

图 9-1　信息加密技术中的信息传输流程

目前，已公开发表的加密算法已有数百种。若按照加密密钥与解密密钥是否相同进行分类，信息加密技术可被分为对称加密技术和非对称加密技术。

① 对称加密技术

在对称加密技术中，收发双方使用同样的密钥：发送方结合密钥将明文经过加密算法处理为密文，发送给接收方；接收方接收到密文后，使用相同的密钥与解密算法对密文解密，将其恢复成明文。对称加密技术如图 9-2 所示。

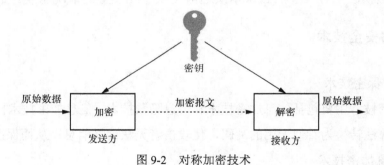

图 9-2　对称加密技术

对称加密技术具有算法公开、计算量小、加密速度快、加密强度高的优点，由于通信双方使用相同的密钥，因而它具有以下缺点。

- 密钥分发困难，信息安全性得不到保障。
- 由于每对用户每次使用对称加密算法时都需要使用其他人不知道的唯一密钥，因此通信双方所持有的密钥数量呈几何级增长，这增加了信息安全管理的难度。
- 缺乏签名功能，因而应用范围受限。

常见对称加密技术有数据加密标准（Data Encryption Standard，DES）、三重 DES（Triple DES）、国际数据加密算法（International Data Encryption Algorithm，IDEA）和高级加密标准（Advanced Encryption Standard，AES）等。

② 非对称加密技术

非对称加密技术中使用一对密钥：公钥和私钥。若使用公钥加密数据，则只有对应的私钥可以解密；若使用私钥加密数据，则只有对应的公钥可以解密。因为加密和解密使用不同的密钥，所以这种加密技术被称为非对称加密技术。

非对称加密技术的信息传输流程为：甲方生成两个不同的密钥，并将其中的一个密钥作为公钥进行公开；得到该公钥的乙方用其对信息进行加密后发送给甲方；甲方使用自己保存的另一个密钥（即私钥）对加密后的信息进行解密。非对称加密技术如图 9-3 所示。

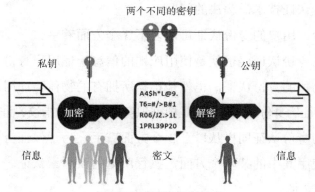

图 9-3 非对称加密技术

常见的非对称加密技术有 RSA[1]、用于数字签名的数字签名算法（Digital Signature Algorithm，DSA）、用于移动设备的椭圆曲线密码（Elliptic Curve Cryptography，ECC）等。

（2）信息隐藏技术

信息加密技术虽然可能避免攻击者读懂信息，但无法避免攻击者销毁信息。与信息加密技术相比，信息隐藏技术更能保证信息的安全。

目前，虽然信息加密技术仍是保障信息安全最基本的手段，但信息隐藏技术作为信息安全领域的又一个研究方向，越来越受到人们的重视。常见的信息隐藏技术是信息认证技术。

信息认证技术是一种通过限定信息的共享范围来防止伪造、篡改等主动攻击的技术，其特点如下。

---

[1] RSA 是由罗恩·李维斯特（Ron Rivest）、阿迪·萨莫尔（Adi Shamir）和伦纳德·阿德曼（Leonard Adleman）于 1977 年联合提出的一种公钥密码体制。RSA 取自他们 3 个人姓氏的首字母。

- 合法的接收方能够验证所接收的信息的真实性。
- 信息发送方无从否认自己发送的信息。
- 除了合法的发送方外，他人无法伪造信息。

信息认证技术主要包含身份认证技术和数字签名技术。

① 身份认证技术

身份认证技术是在网络中确认操作者身份的一种技术。由于网络中的一切信息是由一组特定数据表示的，计算机只能识别用户的数字身份，对用户的授权也是针对用户数字身份的授权。如何确认以数字身份进行操作的操作者就是该数字身份的合法拥有者，这就是身份认证技术需解决的问题。

在真实世界中，用户的身份认证可从以下 3 个方面着手。

- 基于秘密的身份认证，也就是使用应知的信息验证用户身份。
- 基于信任物体的身份认证，也就是根据所拥有的物体验证用户身份。
- 基于生物特征的身份认证，也就是根据独有的体征（如指纹、面貌）验证用户身份。

网络中用户的身份认证同样从以上 3 个方面着手。为了保证身份认证的安全性，某些场景会混合使用其中的某两个方面，执行所谓的双因素认证。

② 数字签名技术

数字签名技术与纸质文件上物理签名的功能相同，都是用于鉴别信息的真伪。数字签名技术中使用了哈希函数和非对称加密算法，其操作分为数字签名和数字签名验证两个过程。

数字签名这一过程发生在发送方，具体步骤如下。

步骤 1：发送方利用数字摘要技术（单向的哈希函数）生成报文摘要。

步骤 2：发送方采用非对称加密技术中的私钥对报文摘要进行加密。

步骤 3：发送方将原文和加密后的摘要一起发送给接收方。

数字签名验证这一过程发生在接收方，具体步骤如下。

步骤 1：接收方利用数字摘要技术从原文中生成报文摘要。

步骤 2：接收方采用公钥对发送方发来的摘要密文进行解密，得到发送方生成的报文摘要。

步骤 3：接收方对比两份报文摘要，若相同则说明信息没有被篡改，否则信息被篡改。

2. 网络安全技术

信息保密技术能对网络中信息本身的安全性提供一定的保障，网络安全技术则在网络层面上提高网络本身的安全性。常见的网络安全技术有防火墙、虚拟专用网（Virtual Private Network，VPN）、入侵检测系统（Intrusion Detection System，IDS）等。

（1）防火墙

网络上的威胁数不胜数。为了保证内部网络的安全，阻断恶意入侵，内部网络可以在自己和互联网之间设置防火墙。防火墙在网络中的位置如图 9-4 所示。

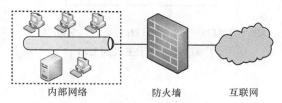

图 9-4　防火墙在网络中的位置

根据形态的不同，防火墙可被分为硬件防火墙和软件防火墙。根据实现技术的不同，防火墙主要被分为包过滤防火墙、应用级网关、电路级网络等。我们将在 9.2 节详细介绍防火墙。

（2）VPN

VPN 是指在公用网络上建立专用网络的技术。因为这种专用网络的任意两个节点之间并没有传统专网所需要的端到端的物理链路，而是基于公用网络服务商所提供的网络平台，建立传输数据的逻辑链路，所以被称为 VPN。

（3）IDS

IDS 是指通过从计算机网络或计算机系统中的若干关键点收集信息并对其进行分析，从而判断计算机网络或计算机系统中是否有违反安全策略的行为或存在遭受袭击的迹象，其主要任务如下。

① 监测并分析用户和系统的活动，检查系统配置存在的漏洞。

② 评估系统关键资源和数据的完整性，识别已知的攻击行为，统计并分析异常行为。

③ 对操作系统进行日志管理，识别违反安全策略的用户行为。

IDS 的工作过程可分为数据收集、数据分析和结果处理。IDS 将收集到的数据作为判断依据，由数据分析中的分析引擎对其进行分析，获取分析结果，并在结果处理中依据分析结果，在适当的时候发出警报，进行相应处理。

IDS 所采用的主要方法有模式匹配、统计分析、神经网络、机器学习等。一个成功的 IDS 能使系统管理员及时获知网络信息系统的变更，使他及时作出响应。基于主机的 IDS 如图 9-5 所示。

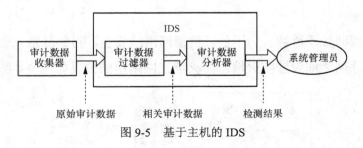

图 9-5　基于主机的 IDS

9.1.3　网络防御

1．主要的攻击手段

攻击计算机网络的主要手段有拒绝服务、恶意程序、漏洞扫描攻击、缓冲区溢出攻击、ARP 欺骗等。人为攻击方式主要有流量分析和主动攻击两种。下面介绍常见的几种。

（1）流量分析

流量分析又称截取，是一种非显式的威胁，通常难以检测。攻击者往往只是观察和分析通信实体的通信内容，不会直接干扰通信过程。但是，攻击者可能从通信内容中了解数据的性质，获取通信实体的身份和地址，并利用这些信息对通信实体进行攻击。

（2）恶意程序

恶意程序指会对计算机功能产生影响的一些程序，又称计算机病毒，是编制者在计算机程序中插入的破坏计算机功能或数据的代码。恶意程序可自我复制，具有传播性、隐蔽性、感染性、潜伏性、可激发性、表现性、破坏性等特点。

（3）拒绝服务

拒绝服务指攻击者以向服务器发送大量垃圾信息或干扰信息的方式，使服务器无法向正常用户提供服务的行为。

2．网络安全防御技术

网络安全防御技术有 VPN（包括隧道技术、加/解密技术、密钥管理技术、身份验证技术）、防火墙、IDS 和入侵防御系统（Intrusion Prevention System，IPS）。

网络受到的威胁分为针对硬件设备的物理威胁和针对软件的软件威胁两种。物理威胁一般会对设备和硬件设施造成威胁，这种威胁主要来源于设备和硬件设施所处的环境，在组建网络时通过各种安全措施可得到有效避免。软件威胁主要是指通过软件方式攻击网络，对网络所造成的威胁。

9.2 防火墙简介

防火墙是位于两个或多个网络之间，执行访问控制策略的一个（组）系统，是一类防范措施的总称。防火墙通过边界控制来强化内部网络的安全政策，其作用是防止不被希望的、未经授权的通信出入被保护的网络。防火墙通常被部署在外部网络和内部网络的中间，执行网络边界的过滤封锁机制。

防火墙是一种逻辑隔离部件，不是物理隔离部件，它所遵循的原则是在网络通畅的情况下，尽可能地保证内部网络的安全。防火墙一般在已经制订好的安全策略下进行访问控制，所以是一种静态安全部件。随着防火墙技术的发展，防火墙通过与 IDS 进行联动，或者本身集成了 IDS 功能，能够根据实际情况动态地调整安全策略。

从技术角度来看，防火墙主要包括包过滤防火墙、应用级网关、电路级网关等。

1. 包过滤防火墙

包过滤防火墙又称网络级防火墙，工作在 OSI 参考模型的网络层。包过滤技术基于路由器技术，由路由器按照系统内部设置的 ACL 根据数据包头的源 IP 地址、目的 IP 地址、端口号、协议等信息对数据包进行过滤，作出是否允许数据包通过的判断。只有满足过滤规则的数据包才被允许通过，发送到目的端，否则会被防火墙使用默认规则（一般为丢弃）进行处理。包过滤路由器作为防火墙的结构如图 9-6 所示。

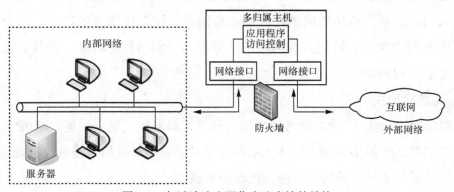

图 9-6 包过滤路由器作为防火墙的结构

包过滤防火墙具有实现方式简单、处理速度快、价格便宜等特点，可以为用户提供透明的服务，是一种有效的安全手段。但是，包过滤防火墙具有以下不足。

① 不能防范黑客攻击。

② 不支持应用层协议。

③ 不能处理新的安全威胁。

2．应用级网关

应用级网关能检查进出的数据包，通过网关复制来传输数据，防止在受信任的服务器/客户端与不受信任的主机之间直接建立联系。应用级网关与包过滤防火墙有一个共同特点，即都仅仅依靠特定的逻辑，判断是否允许数据包通过。应用级网关的工作原理如图 9-7 所示。

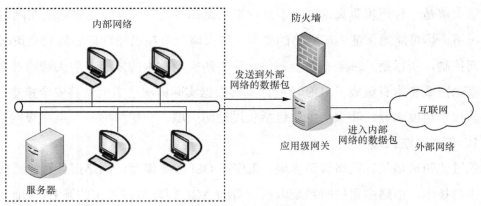

图 9-7　应用级网关的工作原理

应用级网关具有较好的访问控制功能，是目前较为安全的防火墙技术。但由于每一种协议都需要相应的代理软件，因此应用级网关的工作流程复杂，效率不如包过滤防火墙。此外，应用级网关还具有实现困难、缺乏透明度的特点，用户在受信任的网络上通过防火墙访问互联网时，经常会感受到明显的时延，并且必须进行多次登录才能访问网络。

3．电路级网关

电路级网关工作在 OSI 参考模型的会话层，只监控受信任的客户端/服务器与不受信任的主机之间的 TCP 连接，不关心应用协议，也不对数据包进行过滤处理。电路级网关提供了一个重要的安全功能：代理服务器。

代理服务器是设置在互联网的防火墙网关，它以服务器-防火墙-客户端的形式代替客户端与主机之间的直接连接，如图 9-8 所示。

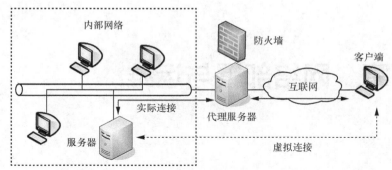

图 9-8 代理服务器

习　　题

一、选择题

1．在下面防止电子邮箱被入侵的措施中，不正确的是（　　）。

　　A．不使用纯数字作为密码　　　　　　B．不使用生日作为密码

　　C．不使用少于 5 位的密码　　　　　　D．自己做服务器

2．下面不属于常见的"危险"密码是（　　）。

　　A．密码只有 6 个数　　　　　　　　　B．使用常见字符串作为密码

　　C．使用 15 个不规律的字符作为密码　 D．使用 888888 作为密码

3．网络系统的安全威胁不包括（　　）。

　　A．窃取情报　　　B．自然灾害　　　C．口令设置　　　D．邮件发送

4．下面不属于网络安全措施的是（　　）。

　　A．安装软件防火墙　　　　　　　　　B．安装杀毒软件

　　C．下载系统漏洞补丁　　　　　　　　D．不联网

5．下面不属于网络安全目标的是（　　）。

　　A．可用性　　　　B．机密性　　　　C．不可依赖性　　D．及时性

二、简答题

1．网络面临的安全威胁有哪些？

2．防火墙包括哪几种？它们具有什么特点？

第 10 章　网络部署与运维

互联网应用的不断变革与发展需要网络能够更具弹性、管理更加便利、能够快速部署新业务，而采用分布式管理实现的传统网络架构越来越难以适应新的需求。软件定义网络（Software Define Network，SDN）与网络功能虚拟化（Network Functional Virtualization，NFV）为满足这些需求提供了一个很好的基础，本章将会对 SDN 和 NFV 的相关内容进行介绍。

------------------ **本章教学目标** ------------------

【知识目标】
- 了解 SDN 与 NFV 的发展历史。
- 了解 OpenFlow 的基本原理。
- 了解 SDN 的定义和元素。
- 了解标准 NFV 的架构。

【技能目标】
- 有良好的自学能力，培养对新技术、新领域的研究精神。

【素质目标】
- 培养创新意识，具有团队意识。

10.1　SDN 与 NFV 概述

经典 IP 网络是一个分布式的、对等控制的网络，每台网络设备有独立的数据平台、控制平面和管理平面。设备的控制平面对等地交互路由协议，然后由数据平面进行报文转发。经典 IP 网络如图 10-1 所示，所面临的问题如下。

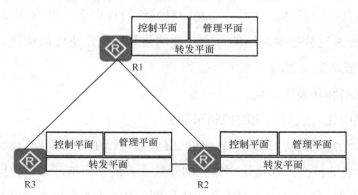

图 10-1　经典 IP 网络

① 网络易拥塞。产生网络拥塞的原因较多，主要表现在节点存储空间有限、链路带宽容量限制、节点处理器性能有限等方面。

② 网络技术复杂。想要成为一名网络技术专家，就需要熟读与网络设备相关的 RFC 文档，而 RFC 文档的数量还在持续增加。想要成为某个品牌设备的"百事通"，就需要掌握超过 10000 条的命令，而与设备相关的命令的数量还在增加。

③ 网络故障定位、诊断困难。传统运维网络故障依靠人工故障识别、人工定位和人工诊断，无法有效、及时、主动的识别和分析问题。

④ 网络业务的部署速度太慢。每台设备需通过命令行进行端到端配置。

经典 IP 网络分布式处理的好处是不因某一个节点的故障而让全网中断服务；缺点是各个节点利用协议获得的信息各自为"岛"，使网络缺乏全局调度的能力。随着云计算、大数据技术的发展，尤其是移动互联网和物联网的接入，数据流量呈爆炸式增长，新业务层出不穷，这让传统的网络运作方式渐渐难以适应。互联网庞大的用户数量使经典 IP 网络所存在的问题进一步被放大，那么这时就需要对原有网络进行改造，以解决原有网络存在的问题，于是 SDN 应运而生。

10.1.1　SDN 概述

SDN 始于园区网络，以斯坦福大学的尼克·麦基翁（Nick McKeown）教授为首的研究团队在进行研究时发现，每次进行新协议的部署时，都需要改变网络设备的软件。于是，他们开始考虑让这些网络设备可编程化，并且可以集中被一个盒子管理和控制。就这样，SDN 的基本定义和元素诞生了。

SDN 并不是一个具体的技术，而是一种网络设计理念。SDN 的本质是让用户可以通过软件编程来充分控制网络的行为，使网络软件化，进而敏捷化。

SDN 一般被认为应该具备如下特征。

① 分离控制和转发的功能。

② 控制集中化（或集中化的控制平面）。

③ 使用广泛定义的可编程接口，使网络业务可以由应用程序自动化控制。

SDN 设计者的核心诉求是让网络更加开放、灵活和简单，希望应用软件可以参与对网络的控制管理，能够通过全局视角集中控制，实现或业务快速部署或流量调优或网络业务开放等目标，至于控制与转发是否分离并不是关键。但是，不分离控制与转发难以满足这种核心诉求，至少不能满足灵活性的要求，因此，SDN 真正具备的特征如下。

① 集中管理，简化网络管理与运维。

② 屏蔽技术细节，降低网络复杂度，降低运维成本。

③ 自动化调优，提高网络利用率。

④ 快速业务部署，缩短业务上线时间。

⑤ 网络开放，支持开放可编程的第三方应用。

SDN 的架构如图 10-2 所示。可以看出，SDN 由应用层、控制器层和基础设施层（设备层）组成，不同层之间通过开放接口连接，其中，控制器层面向基础设施层（设备层）的控制平面接口为南向接口，面向应用层的应用程序接口（Application Program Interface，API）为北向接口。

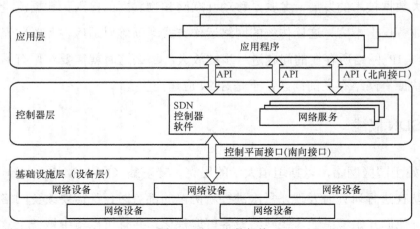

图 10-2　SDN 的架构

10.1.2 SDN 控制器与南向接口

SDN 控制器就是未来的网络核心，其作用类似于计算机操作系统。传统网络的南向接口并没有进行标准化，存在于各个设备商的私有代码中，对外不可见，也就是说既不标准也不开放。而 SDN 架构希望南向接口是标准化的，因为只有这样，软件才能摆脱硬件的约束，使管理员能尽可能不受限制地控制数据的转发。

传统设备的控制平面和转发平面在同一台设备上，传统设备通过 RIP、OSPF、IS-IS、BGP 等协议获取全局信息。这种方式存在的问题是产生需要网络配合的新业务时，需要进行大量的设备配置才能完成，效率低下。南向接口是解决这一问题的方法，将 SDN 的控制平面从设备上剥离，集中到 SDN 控制器上。那么控制平面如何获取转发节点的信息，从而获取整个网络的结构？如何指导转发节点进行数据转发？这些问题的答案是 OpenFlow。OpenFlow 是一种控制器与交换机之间的南向接口协议，可以控制器与交换机之间传输信息。

1．OpenFlow 交换机

控制器和 OpenFlow 交换机是实现 SDN 的基础。要了解 OpenFlow，需要先了解 OpenFlow 交换机。OpenFlow 交换机的结构如图 10-3 所示。

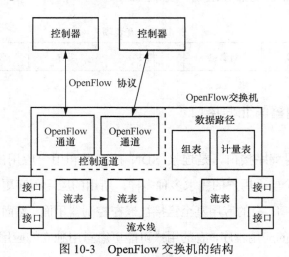

图 10-3 OpenFlow 交换机的结构

2．OpenFlow

OpenFlow 消息的类型有以下几种。

① Controller-to-Switch：控制器到交换机的消息，由控制器主动发出，用于管理

OpenFlow 交换机和查询 OpenFlow 交换机的相关信息。

② Asynchronous：异步消息，此类消息由 OpenFlow 交换机主动发出。当 OpenFlow 交换机状态发生改变时，它发送该消息告诉控制器状态变化。

③ Symmetric：对称消息，由控制器或 OpenFlow 交换机主动发出，例如 Hello、Echo、Error 等消息。

OpenFlow 交换机和控制器的连接如图 10-4 所示。

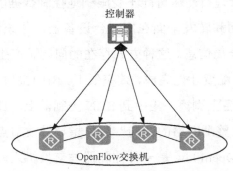

图 10-4　OpenFlow 交换机和控制器的连接

3．流表

OpenFlow 交换机基于流表转发报文。流表项由匹配域、优先级、计数器、指令、超时、Cookie、Flags 这七部分组成，见表 10-1。

表 10-1　流表项

匹配域	优先级	计数器	指令	超时	Cookie	Flags

10.1.3　SDN 控制器与北向接口

北向接口是应用程序接口，是连接 SDN 控制器和用户应用的重要纽带，决定了 SDN 的实际能力与价值。用户的需求多种多样，所用的应用程序更是千差万别。大多数应用使用的是私有接口，有的应用甚至直接被嵌在控制器里面。然而并非所有用户都愿意直接使用控制器内嵌的应用程序，有的用户可能更愿意用独立的应用程序，然后通过北向接口来操作控制器。图 10-5 给出了开放网络基金（Open Network Foundation，ONF）组织对 SDN 北向接口的设计层次。

控制器基础功能 API 提供了控制平面中较为底层的能力，例如通过这种北向接口可以控制南向信令的收发。

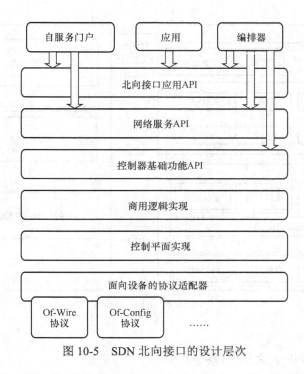

图 10-5　SDN 北向接口的设计层次

网络服务 API 提供了基础网络服务的编程接口，例如通过开放二层交换与三层路由的信息保障网络的联通性。

北向接口应用 API 提供了业务逻辑层的抽象，例如制订 QoS 策略。

SDN 北向接口未来的标准化工作一定会得到更强力度的推动。当南向接口、控制器和北向接口的标准化工作完成之后，广大的用户就可以放心地投入大量资金和人力来完成网络的改造工作，使网络具备更强的弹性和可扩展性，进而催生更多的网络应用模式。

10.1.4　NFV 概述

与 SDN 由科研人员提出不同，NFV 是由运营商联盟提出的。白皮书"Network Functions Virtualisation (NFV)：Virtualisation Requirements"描述了他们遇到的问题及初步的解决方案。

NFV 的目标是使用标准的虚拟化技术，把现在大量位于数据中心、网络节点及用户端的这些不同类型的网络设备——标准服务器、交换机和存储设备集合在一起，可以适用于任何数据平面的数据包处理、控制平面的功能集成，以及无线网络的基础架构。NFV 架构如图 10-6 所示。

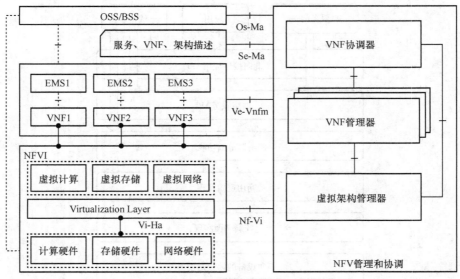

图 10-6　NFV 架构

10.1.5　SDN 与 NFV 之间的联系

SDN 和 NFV 之间的联系如图 10-7 所示，具体含义如下。

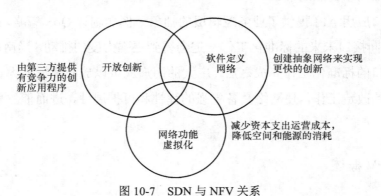

图 10-7　SDN 与 NFV 关系

① 开放创新：通过第三方伙伴创建有竞争力的创新应用支撑。

② 软件定义网络：创造可编程网络，令网络革新更快。

③ 网络功能虚拟化：降低资本支出、运维支出，减少空间和能源的消耗。

可以看出，NFV 和 SDN 有很强的互补性，并不相互依赖。NFV 可以不依赖 SDN 的部署，并为 SDN 软件的运行提供基础架构的支持。

SDN 和 NFV 的比较见表 10-2。

表 10-2　SDN 与 NFV 的比较

名称	产生原因	目标应用	目标设备	初始化应用	新的协议	组织者
SDN	分离控制和数据平面，中央控制可编程网络	校园网络，数据中心/云	商用服务器和交换机	基于云协调器和网络	OpenFlow	ONF
NFV	从专有硬件到普遍硬件过渡，重新定位网络功能	运营商网络	商用服务器和交换机	路由器、防火墙、网关等	—	ETSI NFV 工作组

10.2　网络管理与运维

10.2.1　网络管理

在网络管理中，网络管理者和代理设备之间需要交换大量的管理信息，这一过程必须遵循统一的通信规范，我们把这个通信规范称为网络管理协议。网络管理协议是高层网络应用协议，建立在物理网络及其基础通信协议基础之上，为网络管理平台服务。

网络管理协议提供了对任何网络设备进行访问的功能，并提供一系列标准的值的一致性方式。网络管理协议支持查询设备的名字、软件的版本、设备接口数、设备接口的传输速率等信息，可用于设置设备的名称、网络接口的地址、网络接口的运行状态、设备的运行状态等参数。

1．ISO 网络管理

ISO 定义了网络管理的 5 个功能域，具体如下。

① 配置管理：管理所有的网络设备，其中包括各设备参数的配置与设备账目的管理。

② 故障管理：找出故障的位置并进行修复。

③ 性能管理：统计网络的使用情况，并根据网络的使用情况进行功能扩充，确定网络设备的设置规划。

④ 安全管理：限制非法用户窃取或修改网络中的重要数据。

⑤ 计费管理：记录用户使用网络资源的数据，调整用户使用网络资源的配额，以及记账和收费。

2. 网络管理技术

(1) 简单网络管理协议

第一个被使用的简单网络管理协议（Simple Network Management Protocol，SNMP）被称为简单网络管理协议（SNMPv1）。这个协议最初被认为是临时的、简单的、解决当时亟须解决的问题的协议，而复杂的、功能强大的网络管理协议需要进一步设计。

到了 20 世纪 80 年代，两个网络管理协议在 SNMPv1 的基础上被设计了出来：一个被称为 SNMPv2，它包含了 SNMPv1 原有的特性，这些特性目前被广泛使用，同时又增加了很多新特性，以克服原先 SNMPv1 的缺陷；另一个网络管理协议被称为通用管理信息协议（Common Management Information Protocol，CMIP），它是一个组织得更好，并且比 SNMPv1 和 SNMPv2 有更多特性的网络管理协议。对用户而言，网络管理协议应该具有好的安全性、简单的用户界面、价格相对低廉，而且对网络管理是有效的，但由于互联网的大规模发展，SNMPv1 和 SNMPv2 已成为业界事实上的标准，被广泛使用。

(2) CMIP

CMIP 是 20 世纪 80 年代末推出的一种网络管理协议。与其说它是一种网络管理协议，不如说它是一个网络管理体系。这个体系包含以下组成部分：一套用于描述协议的模型，一组用于描述被管对象的注册、标识和定义的管理信息结构，以及被管对象的详细说明和用于远程管理的原语和服务。CMIP 在设计上以 SNMP 为基础，对 SNMP 的缺陷进行了改进，是一种更加复杂、更加详细的网络管理协议。CMIP 与 SNMP 一样，也是由被管代理和管理者、管理协议与管理信息库组成。在 CMIP 中，被管代理和管理者没有明确被指定，任何一个网络设备既可以是被管理者，也可以是管理者。

CMIP 的优势在于所使用的变量不仅可以像 SNMP 那样在网络管理系统和终端之间传递信息，还可以被用来执行各种在 SNMP 中不可能实现的任务。例如，如果网络中的一台终端在预先设定的时间内无法访问文件服务器，那么 CMIP 就可以及时向有关人员发出事件提示，从而避免了整个过程中的人工干预。因此，CMIP 是一种更加有效的网络管理协议，可以大大简化用户对网络的人工监控。

CMIP 的另一个优势是解决了 SNMP 中存在的许多问题。例如，CMIP 内置了安全管理设备，支持验证、访问控制、安全日志等安全防范措施，从而使 CMIP 本身成为一种安全的系统，不必再像 SNMP 那样需要进行安全升级。

CMIP 的缺陷在于其所占用的网络系统资源相当于 SNMP 所占网络系统资源的 10 倍。正是这个原因让人们对 CMIP 失去了信心，使得 CMIP 最终没有得到广泛应用。

10.2.2 网络运维

在今天这个信息时代，网络运维已成为网络正常运行的保障。那么，网络运维的主要内容具体如下。

① IT 基础设施运维。由于企业要求 IT 基础设施能够做到高可靠、低时延、大容量、零故障，因此 IT 运维人员要对底层硬件设备进行维护。只有硬件不出故障，上层业务系统才能稳定高效地运行。

② 保证在线业务系统及时上线。企业的在线业务系统是企业对内或对外提供服务的重要途径，IT 运维人员在业务系统开发后，要能够准确及时地上线业务系统。

③ 在线业务系统监控自动化。对 IT 基础设施及在线业务系统的有效监控，IT 运维人员能及时获知硬件或业务系统状态，以判断硬件或业务系统的有效服务能力，对硬件或业务系统故障做到即时反馈，即时处理，不影响企业对内或对外提供服务。

④ 在线业务系统日志处理自动化。对 IT 基础设施及 IT 在线业务系统进行日志处理（收集、分析、监控、趋势图展示等），获知硬件使用或业务系统中用户行为，以预测下一个周期内硬件或业务系统资源可用情况。

⑤ 在线业务系统发布自动化。使用业界先进工具实现在线业务系统代码发布自动化，打破传统 IT 运维领域隔离，实现真正的一键式发布业务系统，加快系统部署速度，实现用户无感知升级或回滚操作的目标。

⑥ IT 基础设施平台升级。在线业务系统要求底层硬件平台具有高响应、高可靠、大容量等能力，这就需要 IT 运维人员能够对传统的企业 IT 基础设施平台进行升级，把传统的 IT 基础设施平台升级为云平台。云平台的高响应、高速度、低时延、大容量等能力可以为在线业务系统的稳定运行保驾护航。

⑦ 迁移在线业务系统至云平台。传统的 IT 基础设施平台升级为云平台后，IT 运维人员要能够把运行在传统的 IT 基础设施平台上的在线业务系统迁移至云平台。

⑧ 云平台运行维护（升级）。在云平台运行过程中，IT 运维人员要时刻对云平台进行监控，及时处理云平台的突发情况。

习 题

一、选择题

1. SDN 架构中的核心组件是（　　）。
   A．运算器　　　　B．服务器　　　　C．控制器　　　　D．存储器

2. 在 SDN 网络中，网络设备只单纯地负责（　　）。
   A．流量控制　　　B．维护网络　　　C．数据处理　　　D．数据转发

3. 以下哪个特征不是虚拟化的主要特征？（　　）
   A．高扩展性　　　B．高可用性　　　C．高安全性　　　D．实现技术简单

4. NFV 的中文译名为网络功能（　　）。
   A．自动化　　　　B．承载化　　　　C．虚拟化　　　　D．资源化

5. 下列哪种不是 CPU 虚拟化技术？（　　）
   A．半虚拟化　　　B．全虚拟化　　　C．硬件辅助虚拟化　　　D．前端模拟虚拟化

二、简答题

1. 简述 NFV 与 SDN 的联系与区别。
2. NFV 的作用是什么？

第 11 章　案例实践——校园网组网

校园网组网是一项科技含量高的综合性建设项目，不仅涉及许多技术，而且涉及学校的各个部门。校园网组网的总体目标是建设一个主干网，该主干网连接多个子网，使全校的教学、科研、管理等工作都能在网上进行。校园网的建设是一项长期的工程，除了网络的设计和部署外，还有运行管理、系统维护、系统扩展等内容，因此，要求校园网即建即能使用，且好用实用，并在技术上采用当前先进的软件、硬件技术，具有良好的升级和扩展能力，能够满足今后大容量、超高速、多媒体数据传输的需要，为全体师生提供全时的服务。此外，校园网还应具有良好的兼容性，以具有好的互联性。校园网的网络拓扑设计规划如图 11-1 所示。

校园网组网的具体要求如下。

① SW1、SW2、SW3、SW4、SW5 完成交换网络基本配置（交换机接口、中继链路、VLAN、链路聚合）。

② SW1、SW2、SW3、SW4、SW5 配置 MSTP，SW2 是 VLAN 10 的根，SW3 是 VLAN 20 的根。

③ SW2 和 SW3 配置 VRRP 在 VLAN 10 和 VLAN 20 中相互备份。

④ 外网环境配置 OSPF 互通。

⑤ 校园内部完成 OSPF 路由互通，注入外网 OSPF 路由。

⑥ 路由器 R1 完成 NAT 配置。

⑦ 学生公寓在每天 0:00～6:00（24 小时制）不能访问外网，教学区 VLAN 10 只能在周末访问外网，VLAN 20 访问外网不受限制，超市和餐厅不能访问外网。

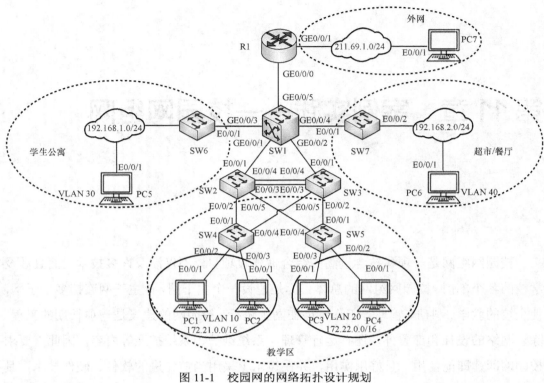

图 11-1 校园网的网络拓扑设计规划

参考文献

[1] 吴功宜，吴英编. 计算机网络[M]. 4 版. 北京：清华大学出版社，2017.

[2] 柳青，曾德生. 计算机网络技术基础项目式教程[M]. 北京：中国水利水电出版社，2020.

[3] 石淑华，池瑞楠. 计算机网络安全技术[M]. 4 版. 北京：人民邮电出版社，2016.

[4] 华为技术有限公司. 网络系统建设与运维（初级）[M]. 北京：人民邮电出版社，2020.

[5] 华为技术有限公司. 网络系统建设与运维（中级）[M]. 北京：人民邮电出版社，2020.

[6] 章曙光，孙巧云，袁碧贤，等. 计算机网络基础课程思政教学改革探索与实践[J]. 高教学刊，2022, 8(3): 127-129, 133.

[7] 潘显民，万莹. 新工科专业课程思政教学改革与实践——以计算机网络技术课程为例[J]. 教育文化论坛，2021, 13(5): 120-125.